─── ち

数学という学問 I
概念を探る

志賀浩二

筑摩書房

まえがき

　学校教育の中では，算数とよばれる数や図形への初等的な取扱いが小学校で教えられ，中学校では算数から数学への移行がはじまる．学問としての数学に最初に出会うのは高等学校に入ってからである．高等学校における最初の2年間で，どんな2次方程式も解の公式を使ってすぐ解けるようになり，また2次関数，三角関数，指数関数のグラフもかけるようになる．

　そして3学年になると学ぶことが増えてきて，微分積分を使って，中学生のときには予想もしなかったような，いろいろな関数の極大，極小や，グラフの面積を求めることや，また行列や2次関数のことも含まれてくる．

　数学は，古代ギリシア以来，いまに至るまで，2000年以上にわたって発展してきた．数学は，文化と文明の中からつねに新しい方向を見定めて進むことによって，そこから次々とアイディアを生み出し，それが多くの数学理論を育てていくことになった．現在，数学は学問としてますます深まっていくとともに，科学や社会の広い分野にわたって，積極的に活躍するようになってきた．

数学はそのように進歩していくとしても，数学は観測や実験室などを必要としないため，私たちひとりひとりに考えるたのしみを与えてくれる．数学の考えは，机に向かっているときだけではなく，散歩しているときでも，横になって休んでいるときでも湧いてくる．

　ここで少し数学という学問について考えてみることにする．数学は，物理学や化学とは本質的に違う学問である．物理学や化学では，つねに外界の現象に目を向け，それを精密なデータに基づいて分析し，そこに新しい物理法則，化学法則が見出されるかを追求していく．

　たとえば16世紀の終りに，当時デンマークで'天の城'とよばれていた天文台で，ティコ・ブラーエは長年にわたり天体観測を続け，それから火星の軌道は太陽を中心とする円軌道を描くことを推測した．しかしケプラーは，ブラーエのデータをさらに詳細に20年にわたって調べ，'火星は，太陽を1つの焦点とする楕円軌道を描く'という正しい結論を，1609年の『新天文学』で発表した．これは自然科学における法則の導き方を示している．

　しかし，ニュートンは1666年に'万有引力の法則'を見出し，この法則から観測データなど少しも必要とすることなく，数学的な推論だけでケプラーの法則を導き，さらにすべての惑星の運動は同じ法則に従うことを示した．

　このような科学における実証的な方法と，数学における方法との違いは，もっと身近なところで見ることができ

る．たとえば，$y=x^2$ のグラフが 0 から 1 までの間で x 軸とつくる面積を求めようとする場合，いくら精密に実測してみても，小数点以下 10 桁までの値を求めることさえ難しいだろう．しかし数学では，この図形を全然見なくとも，積分を使って $\int_0^1 x^2 dx = \frac{1}{3}$ と答を求めることができる．

　数学では，方程式とか，関数とか，極限とか，ほかではあまり使われない言葉がいろいろでてくる．これらの言葉で包括されているものは，数学という学問の骨組みをつくっている数学の概念とよばれているものである．それでは'概念'という言葉をどのように説明したらよいのか，手許にある『日本大百科全書』を引いてみると，最初に次のような記述があった，

　　特定の個人のことを考えるときには，その人の声や顔などが浮かんでくるように思われることもある．これに対して，人間一般を考えるときには，この一般の顔とか声とかいったものを思い浮かべることはむずかしいように思われる．そこで，伝統的な論理学の教科書のなかには，個々の物について，知覚・記憶に現れる表象とは別に，一般的なものを考えるときに心のなかに生ずるものを「概念」とよび，これが判断の基本要素となる，としているものもある．……伝統的論理学でいう概念は，むしろ普通名詞のようなものだと考えた方が理解しやす

い．……

　たとえば，'人間' とか，'花' とか，'水' というときには，それは 1 つの概念を表わしているとみることになる．

　私たちはものの個数を 1 つ，2 つと数えていく．木の数を数えることもあるし，並んでいる人の数を数えることもある．数学では，このような状況によって異なってくる対象から離れ，数を概念として抽象化して，1, 2, 3, … と表わし，これを自然数という．たとえば 5+3=8 は，数える対象とは無関係に，どんなものに対しても成り立つ規則である．このように，対象を概念として捉え，それを数の世界の中で表現することで，日常生活から離れたところで，数学という学問の世界が誕生してくる．

　自然数 1, 2, 3, … はどこまでも続く数である．そこには無限という概念が含まれている．無限は私たちが現実に捉えられる概念ではない．無限概念を根底におくことで，数学は学問としてここではっきりと誕生することになった．コンピュータの中で，どんなに大きな数が走り回っているとしても，それはやはり有限の数である．数学という学問の独自性は，その中に含まれているもっとも基本的な概念である自然数の中に，すでに無限を含んでいたということにある．

　半径 1 の円周の長さを，折れ線を使って測ろうとすると，正しい値 2π に近づくためには，無限に向けての果て

しない旅が続いていくことになる．円周率 π の値は，コンピュータの中では，小数点以下5兆桁くらいまで求められていると伝えられている．しかし π は，小数としては表わされない数であることは証明されているから，この π の値を追う小数の旅には終りというものはなく，求める値は無限の闇の中に消えている．それでも誰もが π は1つの数であると認識して，半径 r の面積は，かけ算を使って πr^2 と表わしている．しかし，1, 2, 3, … のように九九を使ってかけ算できる数とは違う終りの見えない数 π に，半径の長さの2乗をかけるという演算は，一体どのように考えたらよいのだろう．実はその背後には，1つ1つに無限を抱えこんだ無限小数という概念があり，それはさらに包括的な概念'実数'に包まれている．実数でも四則演算は自由にできる．そして私たちは，この実数こそ数学が実在世界を表現する数と考えている．英語でも実数は 'real number' という．個々の実数は，一般には捉えられない数としても，実数という数体系は，私たちが，時間，空間を測って現象を解明するとき，必ず現われてくる．

　一方，数学で三角形，四角形などというときには，私たちがはっきりと思い浮かべることのできる図形の，包括的な概念を与えている．そして古代ギリシアにおける幾何学では，これらの図形の内在的な性質を，紙の上に描かれた図形相互の間に見えてくる，論理的な関係から導こうと試みた．

また，関数，微分，積分などは，いまは単なるグラフとしてかかれた曲線の解析からは飛び立って，これらの概念が内蔵する動的な汎用性によって，現代科学の至るところではたらいている．

　このように概念化し，その意味とはたらきとを，どこまでも広く，深く探求していくことにより，日常生活から離れたところに，学問としての数学の世界が広がっていく．数学の長い歴史は，実際このようにして，私たち人間の独自の努力によって数学が形成されてきたことを物語っている．

　この本では，数学という学問のもつそのような姿を示してみたいと思っている．それは数学の問題を解くたのしみとは少し離れた場所に立つことになるが，数学の拠って立つ深い場所を知ることによって，私はこの書を通して読者の方々が数学に対して，ますます深く心を寄せて下さるようになることを望んでいる．

目　次

まえがき 3

第1部　数学の基礎概念

第1章　数 …………………………………… 17
1. 自然数と零の発見 17
2. 有理数，小数 27
3. 循環小数 40

第2章　数直線と実数 ……………………… 47
1. 実在する世界 47
2. 実数概念 50
3. 数直線と実数 54
4. 実数概念の確立 59
5. 負の数の導入と，実数体系の完成 63
6. 極限と連続性 67

第3章　変数と関数 ………………………… 79
1. 近世数学の誕生 79
2. 関数とグラフ 86
3. 連続関数 92
4. 連続関数の基本性質 100

第2部 概念の誕生と数学の流れ

第4章 数学の概念について …………………… 109

第5章 数のはたらき──歴史をふり返る ………… 115
1. 具象の世界から数の世界へ 115
2. 面積を求める 119
3. 過 渡 期 130

第6章 対数と小数 …………………………… 139
1. 対数の誕生 139
2. ネピア対数 142
3. 対数表の作成と小数 149

第7章 巾級数──代数と図形の中から ………… 153
1. 驚くべき発見──対数とグラフの面積 153
2. 巾級数──数式から無限へ 161
3. 新しい時代へ向けて 168

第8章 微分積分の誕生
　　　　　──ニュートンとライプニッツ …………… 171
1. 二人の天才 171
2. ニュートン──時間と変化 180
3. ライプニッツ──モナドと無限小 184
4. ニュートンの流率法と逆流率法 188
5. ライプニッツの微分積分 193
6. ライプニッツの記号 197

第9章　無限の登場 ………………………… 205
1. 数学のバロック時代　205
2. オイラーの『無限解析』　207
3. 無限小の闇と18世紀数学　216

第10章　コーシーの『解析教程』 ……………… 227
1. 解析の方法　227
2. 微分法の成立　231
3. コーシー積分　241
4. エコール・ポリテクニクにおける講義　249

数学という学問　I
概念を探る

第1部

数学の基礎概念

第1章 数

1. 自然数と零の発見

ペアノの公理

「自然数とは何ですか」と聞かれれば,「それは 1, 2, 3, … と表わされる数です」という答が戻ってくるだろう. しかしここでさらに「その 3 のあとに … とかいてあるのは何ですか」と聞かれると「それは自然数がどこまでも続いていくことを示すものです」と少し漠然とした答になる.

自然数全体は無限にあるが, それでもこのような答が示すように, 私たちはその全体を 1 つの概念として把握している. ここでは自然数の全体を, 自然数の集合ということにしよう. 自然数の集合を, いくつかの公理によって明確に規定することなどできるのだろうか. ただ無限に向かって進んでいくだけの自然数の系列に対して, そんなことは不可能だと思われるかもしれない. しかし 19 世紀の終りに, イタリアの数学者ペアノは, 僅か 5 つの公理で, 自然数の集合を数学における 1 つの概念として明確に提示することに成功した. これをペアノの公理という. ペアノは,

自然数が1からはじまって，次々に1を加えていくことによって，いわば動的に生成されていく過程に目を向け，それが自然数を統括する原理であると考えたのである．それは次の5つの公理からなる．

[ペアノの公理]

自然数の集合Nとは，次の性質をみたすものの集まりである．
1) $1 \in N$（すなわち1と表わされる要素がNの中にある）．
2) $x \in N$ に対して，x' という1つの要素が対応する．
3) $x' \neq 1$.
4) $x' = y' \Rightarrow x = y$.
5) Nの部分集合 M があって，次の2つの性質をみたすとする：

$$1 \in M,$$
$$x \in M \Rightarrow x' \in M$$

このとき $M = N$ である．

それではこれから，この1) から5) までの性質で特性づけられている集合Nが，私たちが $\{1, 2, 3, \cdots\}$ として表わしている自然数の集合と，本質的には同じものであることをみることにする．

まず 1) によって，1 と表わされる要素は N の中に含まれている．したがって 2) から，1′ という要素が N の中にある．3) からこれは 1 ではない．これを 2 とかくことにする．次に 2′ を 3 とかくことにする．4) から 3 は 2=1′ とは違う要素となっている．実際，もし 3=2 ならば，2′=1′ となり，4) から 2=1 となってしまう．また 3) から 3 は 1 とも違う．これで 1, 2, 3 は N の異なる要素であることがわかった．同じようにして，3′=4 とおくと，1, 2, 3, 4 は N の異なる要素であることが示される．この考えは，どこまでも同じように続けられるから，$\{1, 2, 3, 4, \cdots\}$ という集合が N の中に含まれていることがわかる．

しかしこれだけでは N を自然数の集合と考えるわけにはいかない．たとえば

$$\tilde{N} = \{1, 2, 3, \cdots, \tilde{1}, \tilde{2}, \tilde{3}, \cdots\} \quad (\tilde{1}' = \tilde{2},\ \tilde{2}' = \tilde{3}, \cdots)$$

も 1) から 4) までの公理をみたしている．このような $\tilde{N}$ を排除するためには，さらに公理が必要となる．それが公理 5) である．実際，このような $\tilde{N}$ の部分集合 $M = \{1, 2, 3, \cdots\}$ をとると，$1 \in M$；$x \in M \Rightarrow x' \in M$ だから，公理 5) によれば，この M は $\tilde{N}$ と一致しなければならない．しかし $M \neq \tilde{N}$ だから，このような $\tilde{N}$ は公理をみたしていない．

これでペアノの公理が，自然数の集合 N を特性づけていることがわかった．公理 5) は，自然数とは 1 からはじまって次々と進んでいくとき，そのすべてを含む最小の集

合であることを主張しているものとなっている．

自然数全体で成り立つ命題を証明するのに使われる数学的帰納法の背景には，このペアノの公理があると考えてよい．

たとえば，公式 $1+2+\cdots+n=\frac{1}{2}n(n+1)$ を数学的帰納法を使って示すときには，まず $n=1$ のとき左辺＝右辺を確かめるが，これはこの式が成り立つような n の集合 M が，公理1) をみたしていることを確かめていることになる．次に n で成り立てば，$n+1$ でも成り立つことを確かめるのは，M が n を含めば，$n'=n+1$ も含むことを確かめることになっている．この2つを確かめることで，この式がすべての自然数 n で成り立つことを保証するのが，ペアノの公理なのである．

数の誕生

ペアノの公理によって，自然数の全体は，単に '1, 2, 3, … とどこまでも続いていくもの' という漠然としたいい方で表わされるようなものではなくなって，無限を含む1つの総合的な概念として，私たちの前に明確に提示されることになった．しかし，自然数という概念は，私たちがいつも見ている雲とか，花とか，書物などという概念とは明らかに違っている．自然数は，それ自身の中に次に進むステップが内蔵されており，それが0から9までの数字で表わされる数によって明確に示されている**生成的な概念**となっ

ている.そしてそれはさらに無限という概念を数学の中に導入した.自然数は,数学の根幹を支えている.しかし,現在私たちがごくふつうに使っている数体系が完成するまでには,人類の歴史の中での長い道のりがあった.それをこれから少し述べてみることにする.

'数'は,数えるという日常の行為の中から生まれた.遠い昔には,人々は指を折って数えるということが多かったのだろう.そこから,2進法,5進法,10進法が生まれ,また足の指まで使ったと思われる20進法もあった.

紀元前4000年頃のシュメール文明を継いだバビロニアでは,60進法が使われていた.彼らは1年を360日とし,円周を360°に分けていた.その各々の1度は,地球の円周を太陽が1回転して生ずる1年の,1日分に相当しているとしていた.1日を24時間に等分し,1時間を等分して60分,さらに1分を60秒に分けたのもバビロニア人だった.

バビロニア人の60進法による数の表記は次のようなものであった.

この数は，長さや重さを測るとき，主に使われていたようである．

古代エジプトでは 10 進法が使われていた．数は象形文字によって次のように表わされ，千万台の数まで表わすことができた．そのような大きな数がどのような機会に使われることがあったのかは，私には想像もできない．

1	2	3	4	5	6	7	8	9	10	11	12	20	50

100	200	1000	10000	100000	1000000	10000000

ギリシア後期には，数字の表記にギリシア文字をあてはめて下のように表わされていた．

α	β	γ	δ	ε	ϛ	ζ	η	θ
1	2	3	4	5	6	7	8	9

ι	κ	λ	μ	ν	ξ	o	π	ϟ
10	20	30	40	50	60	70	80	90

ρ	σ	τ	υ	φ	χ	ψ	ω	ϡ
100	200	300	400	500	600	700	800	900

ここで 6 と 90 と 900 を表わすのに，見なれない文字 ϛ, ϟ, ϡ が使われているが，これらは古代ギリシアの字母である．

ギリシアの字母は 24 しかなく, 999 まで書くのに必要な 27 には達しなかった.

ローマではローマ数字が使われ, 1 から 10 までは

$\quad$ I, II, III, IV, V, VI, VII, VIII, IX, X

と表わされ, さらに

$\quad\quad\quad\quad$ L $\quad$ C $\quad$ D $\quad$ M
$\quad\quad\quad\quad$ 50 $\quad$ 100 $\quad$ 500 $\quad$ 1000

が用いられていた. これを使うと, たとえば 879 は

$\quad\quad\quad\quad$ DCCCLXXIX

と表わされた.

この表示の仕方を見ると, このような表記法は, 日常でも少し大きな数を扱うようなときには, まったく適していなかったことがわかる. 1 つ 1 つの数は, 表記を通して存在を示しているとしても, ペアノの公理が示すような数の生成原理などはここからは窺うことさえできない.

自然数という数体系の誕生を促したものは, 数の 10 進表記と, それを可能にさせた零の発見であった.

零の発見と 10 進表記

人類最大の発見ともいわれる '零の発見' は, 5 世紀から 6 世紀にかけてインドでなされたといわれている. その頃インドでは, たとえば '九千八百七十一' を '9871' のよ

うに表わす位取り表記が生まれた．このような数の表記法は，中国の算盤で，数が各桁の珠の数として表わされていたことから示唆を得て考え出されたのではないかと推測されている．そうすると算盤で珠を動かさなかった位にも，それを表わす記号が求められてくるだろう．7世紀頃かかれたと推定される北インドで発見された文書の中に，零を • として表わしたものが発見されている．いずれにせよ7世紀にはインド，ヒンズーに10進法が存在し，8世紀までには十分完成していた．

この零の発見と，アラビア数字とよばれている 1, 2, …, 9 によってもたらされた 10 進表記の歴史についてはすぐあとで述べるが，まずこれがどのような意味をもつものであったかについて少し述べておこう．

私たちは 10 進表記により

$$2456008129 \qquad (*)$$

と 0 から 9 までの数字を並べるだけで（ただし 0 は左端にはおかない），これが 1 つの数を表わすことを認識し，またこの次にくる数は

$$2456008130$$

であることもわかってしまう．これは 10 億台の数を表わしており，24 億 5 千 6 百万…と読むこともできる．しかし実際は私たちは読み方には関心はなくなって，どんな長い

数字の列を見ても、それは1つの数を表わしていると認め、それより1つ大きい数も、1つ小さい数もすぐにかくことができる。実際、10進表記の驚くべきはたらきは、10進表記でかかれたいくつかの数を見ても、すぐにその大小関係がわかることである。

私たちは（*）をかくことによって、あるいはさらに左右にいくつかの数を並べてかくことによって、そこに何かいままで知らなかった新しい数が発見されたのだとは思わない。ただすでに存在していた数を書き出したにすぎないと思う。このような数の存在に対するいわばアプリオリともいえる認識が、どこから生まれてくるものか、それは私にはわからない。しかし私たちの中にあるこの認識力が、10進表記を通して、私たちに自然数は無限にあることを認めさせたことになったのだろう。

零の発見が、10進表記を通して数概念の中に無限を生み、数学が無限を扱う学になったのである。

10進表記の歴史

773年に、イスラム帝国の首都バグダードの宮殿を訪れたインドの学者が、天文学書をカリフに献上した。この書の中にヒンズーの10進法の数体系も含まれており、カリフは直ちにアラビア語に訳すことを命じた。この数体系は確実にアラビアに浸透していった。この数を用いる計算は、砂を撒いた盤の上でなされ、一度の演算ごとに消され

(1)		こ	ミ	೨	Ⴑ	Ⴑ	六	Ⴌ	人
(2)	l	て	ㇻ	ع	9	9	ヘ	8	9	◯
(3)	l	て	ㇻ	ع	9	9	ヘ	8	9
(4)	l	り	⺹	もor ら	o or β
(5)	l	レ	⺹	ʓ	𝑒	ⲁ
(6)	ৎ	२	३	४	५	६	७	८	९
(7)	1	2	3	4	5	6	Λ	8	9
(8)	1	z	3 or 3	ꝝ or 4	ꝗ or 5	6	Λ or 7	8	9
(9)	I	2	3	4	5	6	7	8	9	10

数字の比較

(1) サンスクリット文字（2世紀ごろ）　(2) ボエティウスのアピケス（6世紀から10世紀ごろ）　(3) 西アラビアのグバル数字　(4) 東アラビアの数字　(5) マクシムス・プラヌデスの数字（1340年ごろ）　(6) デーヴァナーガリー文字（近代のインド数字）　(7) ウィリアム・カクストンの『世界の鏡』（1480年）　(8) ウルリヒ・ヴァグナー（?）の『バンベルク算術』（1483年）　(9) カスバート・トンストールの『計算術』（1522年）

ていた．代数学の創始者アル＝フワーリズミー（780-850）は，『インドの方法による加法と減法の本』を著わした（原本は存在しない）．12世紀にヨーロッパで刊行されたラテン語訳では，ゼロはマルでかかれている．

1, 2, 3, …, 9 はアラビア数字ともよばれ，この数字と10進表記は，十字軍遠征を契機として，ヨーロッパへと伝えられていくことになった．フィレンツェやナポリなどを中心として地中海貿易が盛んとなり，それに伴ってアラビア

数字が国際的な取引きの舞台で使われていくようになった．しかしこのアラビア数字は，それまでヨーロッパで使われていたローマ数字 I, II, III, …, IX, X にくらべると，手書きでは字体が確定せず，商人の中では字体を変えて取引きをするものもでるなど，いろいろ混乱もあったようである．

0, 1, 2, …, 9 という数字の字体が確定し，ヨーロッパで，そしてやがて世界の国々で，この数字を用いた 10 進表記が広く使われるようになったのは，1455 年，グーテンベルクが印刷術を発明してからのことである．印刷に用いる数の字形が確定し，その数字が社会の中を駆け廻るようになって，近世文明へ向けての扉が開かれてきた．長い数学の歴史の中で，それからまだ 600 年もたっていないことに，改めて驚きを感ずる．

前頁に載せた数字の比較表は，カジョリ『初等数学史』（小倉金之助訳，共立出版）にある 1, 2, 3, …, 10 の数字表記の変遷の表である．

2. 有理数，小数

有理数，小数について述べる前に，分数について述べておく．分数は，小学校の授業の中で習うが，その後の日常生活の中で出会うようなことは，いまはほとんどなくなっている．分数は社会から消えてしまったといってもよい状

況だが，数体系としては，分数は有理数というもっと包括的な概念の中に含まれている．有理数について述べる前に，まず分数について触れておく．

「このケーキを5等分してみんなで食べよう」というときには，ケーキを分ける単位は $\frac{1}{5}$ となり，この中の3人の人に渡ったケーキの総量は全体の $\frac{3}{5}$ になる． $\frac{1}{5}$ のように，分子が1の分数を**単位分数**という．分数はこのように，日常的には等分されたものの個数と，全体の個数との比を表わすものとして使われるが，いまは，5等分したうちの3個というようないい方がふつうになっている．

歴史的には単位分数はすでに古代エジプトで用いられていた．パピルスの中に，次のような問題が残されている．

「7個のパンを8人の人に等分に分けよ」

この答は， $\frac{7}{8}$ が単位分数によって

$$\frac{7}{8} = \frac{1}{2} + \frac{1}{4} + \frac{1}{8}$$

と表わされることから[*]，1個のパンを2つ切りにしたものを8個，4つ切りにしたものを8個，8つ切りしたものを8個つくればよいことを知っていた．したがって図のようにパンを切るとよい．

---

[*] どんな分数でも単位分数の和として表わされる．この証明については，志賀『数学の流れ30講・上』(朝倉書店，2007) 23-24頁参照．

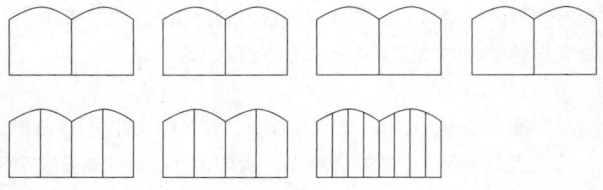

（それぞれのパンを 8 等分して分配すると $8×7=56$（個）のパンの小片が必要となる．この分け方では $8×3=24$（個）で済む．）

古代ギリシアの人たちは分数を用いることはなく，$\frac{a}{b}$ を $a:b$ と表わし，比として取扱っていた．現在私たちが使っている $\frac{3}{8}$ や $\frac{2}{7}$ などの分数表記は，すでに古代インドで 4 世紀にかかれた文献に残されているが，それは特に伝えられることもなく，単位分数から一般の分数への移行には長い年月を要した．それでも分母，分子というよび名は 13 世紀末に，分数を表わす記号 $\frac{a}{b}$ は 16 世紀半ばに現われている．

分数の 1 つ 1 つは，2 つの量の比を表わしているが，2 つの分数の大小を見分けることも，足し算，引き算も一般には難かしく，分数それ自身が概念化して取り出されるようなことはなかったように思われる．

しかし四則演算が自由にできる数の概念化として登場し

た有理数の中では,分数は有理数の表記法として,抽象的な姿を数学の中で示すことになった.

● イー・ヤー・デップマン『算数の文化史』(藤川誠訳,現代工学社) の中に,次のような興味ある文章が載せられている.

「1735年のエドモンド・ウィンゲート (1596-1656年) の『算数』の第16版への序文には,こう書かれている.この版では《金銭計算,商売,その他の用に必要な整数の算数の説明は,分数という険しく骨のおれる道への入口が開かれる前になされているが,学生にしてみれば,もうその先はごめんこうむると叫びたくなるほど気が滅入ってしまう.……》ドイツ人のあいだには《in die Brüche geraten》(分数に陥る) という文句があるが,これは,《苦境に陥いる》(または,《わけがわからなくなる》) という意味である.」

有理数

分数という数の表わし方は,数学の中では新しい数概念——有理数——を誕生させることになった.分数は,同じ数でもたとえば

$$\frac{1}{2} = \frac{2}{4} = \frac{3}{6} = \cdots$$

のようにいろいろな表わし方がある.しかし,2つの分数

をとって，それらの分数のどの表示をとって計算してみても，すべて同じ答になっている．このことは，これらの表示にかかわらない，もっと深いところに，四則演算が自由にできる新しい数体系の概念がひそんでいることを示唆している．

その数体系は，有理数とよばれている．有理数の定義を述べることにしよう．

【定義】 分数として表わされる数に，次のように同値関係を与えたものを**有理数**[*]という．
$\frac{a}{b} = \frac{c}{d}$ $(a \leq c)$ とは，ある自然数 m があって，$c = am$, $d = bm$ と表わされることである．また $\frac{a}{1}$ は自然数 a と同一視する．

この有理数に，大小関係と四則演算を次のように定義する．

有理数の大小

$ad - bc > 0$ のとき，$\frac{b}{a} < \frac{d}{c}$

---

[*] 有理数は英語で 'rational number' という．ratio とは比のことである．したがってこの訳は有比数とすべきではなかったかと指摘された数学者もいる．

有理数の演算

加法：$\dfrac{b}{a} + \dfrac{d}{c} = \dfrac{bc+ad}{ac}$

減法：$\dfrac{b}{a} > \dfrac{d}{c}$ のとき $\dfrac{b}{a} - \dfrac{d}{c} = \dfrac{bc-ad}{ac}$

乗法：$\dfrac{b}{a} \times \dfrac{d}{c} = \dfrac{bd}{ac}$

除法：$\dfrac{b}{a} \div \dfrac{d}{c} = \dfrac{bc}{ad}$

こうして四則演算が自由にできる（引き算は大きいものから小さいものを引く）新しい数体系——有理数——が生まれた．

この演算規則で，たとえば

$$\left(\dfrac{b}{a} \times \dfrac{d}{c}\right) \div \dfrac{d}{c} = \dfrac{b}{a} \times \dfrac{\cancel{d}}{\cancel{c}} \times \dfrac{\cancel{c}}{\cancel{d}} = \dfrac{b}{a}$$

だから，割り算はかけ算の逆演算となっている．

この演算規則にしたがうと，有理数のかけ算，割り算はかんたんにできる．たとえば

$$\dfrac{2}{3} \div \dfrac{911}{368} = \dfrac{2}{3} \times \dfrac{368}{911} = \dfrac{736}{2733}.$$

それにくらべると，足し算，引き算は難しい．ここでは分母を通分することが必要になり，たとえば

$$\frac{28}{531}+\frac{110}{46}=\frac{28\times 46+531\times 110}{531\times 46}$$
$$=\frac{59698}{24426} \quad (約分すると \frac{29849}{12213})$$

のような計算をすることになる．足す前には，答となる分数がこんな複雑な形になることは予想もできないだろう．足し算にも，通分のためかけ算が必要となるので，実際の計算には有理数はあまり適してはいない．それでも有理数は，足し算，引き算（大きい方から小さい方を引く），かけ算，割り算の四則演算がいつでも自由にできるという意味では，算数の世界をひとまず完結させた数体系になっている．

有理数が，自然数と演算の面でみてもっとも違う点は，いつでも割り算ができるということにある．それは自然数の中では，予想することもできなかった新しい数の姿を示していくことになった．

いま，1を割って得られる自然数の**逆数**の数列

$$1, \frac{1}{2}, \frac{1}{3}, \cdots, \frac{1}{n}, \cdots$$

に注目してみることにしよう．ペアノの公理が保証する，無限に向かってどこまでも大きくなっていく自然数の系列は，逆数をとることによって，こんどははっきりとしたゴールを目指して進んでいく数列へとかわってきた．ゴールには零が待っている．これはいわば'零の再発見'といっ

てよいものかもしれない．

また

$$5, 5+\frac{1}{2}, 5+\frac{2}{3}, \cdots, 5+\frac{n-1}{n}, \cdots$$

は，どこまでも6に近づく数列となっている．有理数の中ではじめて数が動的な展開をみせはじめてきたのである．このような数自身が示す動きは，もっと深い数の体系——実数——を生むことになる．これについては次節で述べることにする．

有理数は，四則演算が自由にできるという意味で，算数の世界を完結させた数体系だが，自然数のもつもっとも基本的な役割り，数の大小関係を見分けることは，有理数の中では非常に難しいことになる．たとえば僅か3つの有理数

$$\frac{37}{52}, \quad \frac{167}{243}, \quad \frac{334}{497}$$

の大小関係を，見ただけで予想を立てることなどできない．（この3つの分数を通分すると，分母は6280092となり，その分子を比較することで，

$$\frac{334}{497} < \frac{167}{243} < \frac{37}{52}$$

となっている．）

数はもともと，ものの個数を**数える**ことと，長さや重さ

を測って比べてみることから生まれてきた．これはいわば'数の世界'と'量の世界'という，数学が対象とする2つの世界を生むことになった．数の世界では，演算のはたらきが中心となり，量の世界では，大小の関係を見分けることが中心にあった．有理数は，四則演算が自由にできることで，'数の世界'をひとまず完結させることになったが，大小の見分けが難しいことは，'量の世界'からは隔った場所ではたらくことを意味していた．社会構造がしだいに複雑になり，文化と文明の波が湧き上ってくると，ここには'数の世界'と'量の世界'でともにはたらけるような新しい数体系が求められてくる．それが10進表記に支えられた小数の誕生と，その後の社会への広がりを意味している．

小数——10進法

ここで述べることは，ふつうは'小数'という言葉でいい表わされている数のことだが，ここでは'10進数'という言葉も併せて使うことにする．それは次のような理由からである．小数というと，私たちは，まず最初に0.3とか，0.0085のような数を思い浮かべる．しかし「249.06は小数か」と聞かれると少し戸惑ってしまう．小数という言葉の成り立ちはよく知らないのだが，英語には小数に対応する語は見当らない．英語では，5138も，5138.24も，0.007も，すべて'decimal number'（10進表記で表わされる数）と

いうようである．この項ではこの見方に立って述べようとも思うので，10進数という言葉も使ってみることにし，特に1より小さい10進数を取扱うときは，小数ということにしよう．10進数とは，$0, 1, 2, \cdots, 9$ という10個の数字の有限個の配列（ただし0は左端におかない），またはそのような配列の間に，適当に小数点．を1つおいて表わされる数のことである．たとえば

$$640853001, \quad 9988.152, \quad 0.0006008$$

は，10進数である．私たちの生活のまわりにある数は，いまはすべて10進数として表わされている．

10進数による数の表示では，有理数のように，それぞれの数がその表わし方で，数のもつ個性を示すということはなくなって，いまでは1つ1つの10進数は，$0, 1, 2, \cdots, 9$ から適当にとって並べてつくった語のようになり，さまざまな状況の中でも，ごく自然に融けこんでいる．そのようになった理由としては，10進数を通すと，どんな大きい数でも，どんな小さい数でも，同じような数の配列として表わされ，その間の大小関係が一目見ればわかるようになったということがあげられるかもしれない．たとえば3つの10進数

$$608 \text{ も}, \quad 9536.54 \text{ も}, \quad 0.60312$$

も，すべて同じ視野の中で捉えることができる．

しかし，たとえばこの最後にかいてある小数を分数として表わし，それを約分して表わすと

$$\frac{7539}{12500}$$

となっている．これを上のような小数として表現することは容易に思いつくものではない．実際，数の表わし方としては，小数が一番遅れており，小数表記が見出されてから，まだ500年くらいしかたっていない．この歴史については，第2部で改めて述べることにする．しかしこの小数を含む10進表記の普及が，ヨーロッパ近世の数学の目覚めと重なったのである．

小数は，$\frac{1}{10}, \frac{1}{10^2}, \cdots, \frac{1}{10^n}, \cdots$ を分母にする有理数の和として表わされる．したがって通分すると，小数は分数として $\frac{a}{10^n}$ の形になる．数の領域からいうと，小数の占める数の領域は，有理数の占める数の領域よりはるかに狭い．そのことをはっきりさせる前に，次の定義をおく．

【定義】 有理数 $\frac{b}{a}$ は，分母と分子に（1以外の）共通の約数がないときに，**既約分数**として表わされているという．

このとき次のことが成り立つ．

小数を既約分数として表わすと，分母の約数は2と

5以外にはなく,適当な自然数 A をとると

$$\frac{A}{2^m 5^n} \quad (m, n = 0, 1, 2, \cdots) \quad (*)$$

と表わされる.逆にこのような分数が小数(10 進数)として表わされる数である.

証明 まず1つ小数をとり,それを $\frac{a}{10^k}$ と表わしておく.この分母は $2^k 5^k$ で,2 と 5 は素数だから,分母,分子を通分すると分母は $2^m 5^n$ の形となり,この小数は $(*)$ の形で表わされる.逆に $(*)$ のように表わされる数を考えると,$m \geqq n$ の場合には分母,分子に 5^{m-n} をかけると,

$$\frac{A}{2^m 5^n} = \frac{5^{m-n} A}{10^m}$$

となり,小数となる.$m \leqq n$ のときは,2^{n-m} を分母,分子にかけるとよい. (証明終)

それでは既約分数 $\frac{b}{a}$ で,a が $2^m 5^n$ の形でないときはどうなるのだろうか.2つの場合を確かめてみよう.

(i) $\frac{1}{3}$:実際 $1 \div 3$ を計算してみると

$$\frac{1}{3} = 0.\overset{n}{33\cdots 3} \quad 余り \ 0.\overset{n}{00\cdots 0}1$$

となり,この割り算にはゴールはなく,小数としては表わせないことがわかる.

（ⅱ）$\frac{1}{7} = 0.\overline{142857142857}\cdots$

となり，142857という数の並びがどこまでも続いていく．この数が循環して現われる理由は，実際1を7で割ってみると，6回の計算で余りが順に3, 2, 6, 4, 5, 1とでてきて，この先はまた最初に戻って1を7で割る計算が繰り返されていくことになるからである．

（ⅲ）$\frac{5}{12} = 0.41666\cdots$

このときは，小数点以下3位から6という数が並んでくる．実際5÷12を計算してみると，余りが2, 8, 8と出て，3回目から同じ計算が繰り返されていくのである．

このように，小数点以下のある所から，同じ数，または同じ数の並びが繰り返して現われる小数を**循環小数**という．

いまわかったことは，分数は$\frac{1}{4} = 0.25$のように小数として表わされるか，あるいは割っていくと，前に余りとしてでてきた数が再び現われて，そこから循環がはじまって，循環小数となるということである．

分数と小数という2つの概念のわれ目の中から，循環小数という，数の無限回帰を示す新しい概念が生まれてきたのである．

3. 循環小数

前節で述べたように，分数の中から，無限に小さくなる方向にどこまでも進んでいく循環小数という概念が生まれてきた．ここでは，同じ数の並びが，繰り返し，繰り返し現われ，それが0に向かって螺旋状にしだいに小さく巻きついていくように進んでいくのだから，これは自然数が一歩，一歩無限に向かって大きくなっていくという状況とは，全然別の光景を示している．数学は，大きくなる方向と小さくなる方向に，いわばまったく異なる2つの無限をかかえてしまったといえるのかもしれない．

分数の中から生まれてきた無限小数は，あるところから先，同じ数の列が繰り返し，繰り返し現われて，それがしだいに小さくなって，やがて私たちの視界から消えて，さらに無限の闇へと進んでいく．それは分数の中から無限を覗きこむ新しい概念——循環小数——が生まれてきたことを意味している．

それでは逆に，循環小数は，分数として表わされるのか．そのことを調べておこう．まず一番かんたんな場合として，循環小数 A が

$$A = 0.2222\cdots$$

で与えられているとする．この両辺を10倍すると，右辺

3. 循環小数

は位が1つ上がって

$$10A = 2.222\cdots$$

となる．ここから $10A - A$ を求めてみると

$$9A = 2, \quad A = \frac{2}{9}$$

と分数として表わされる．

こんどは，循環小数

$$B = 0.\overparen{3264}\overparen{3264}\overparen{3264}\cdots$$

を考えてみよう．このときは

$$10000B = 3264.\overparen{3264}\overparen{3264}\cdots$$
$$= 3264 + B.$$

これから

$$B = \frac{3264}{9999}$$

となって，B も分数として表わされる．

同じように考えると，どんな循環小数も分数として表わされることがわかる．いわば循環小数は，循環することで，有理数の枠内にとどまっているのである．

分数は，循環小数として表わされることは前節で示したが，ここでは循環小数は分数として表わされることがわかった．分数として表わされる数が有理数である．したがっ

て小数も，あるところから0だけが循環して現われる循環小数と考えると，次のことがいえる．

> 数の概念としては，有理数と循環小数は同じものを表わしている．

自然数はもちろん有理数である．念のため自然数が循環小数として表わされることを，たとえば

$$3 = 2.999\cdots 9\cdots$$

でもう一度確かめておこう．$A = 0.999\cdots$ とおくと，上の右辺は $2 + A$．したがって $A = 1$ を示せばよい．A を10倍して $10A = 9.999\cdots$．これから $10A = 9 + A$，$9A = 9$．これで $A = 1$ が得られた．

しかしいま述べたことは，実は算数の世界を越えた証明になっている．それは … で表わされている数の演算などは，算数の四則演算の中では見出せないものだからである．このような演算の妥当性は，次章で述べる実数概念の中で示されることになる．

循環小数は，小数点以下に無限に数が並ぶので無限小数とよばれているものになっている．それでは私たちがごくふつうに出会う数で，循環性を示さない無限小数として表わされる数はあるのだろうか．この問いかけは，有理数として表わせないような数はあるのかという問いと同じこと

になる．循環性を示さない無限小数とは，小数点の先にどこまでも不規則に $0, 1, 2, \cdots, 9$ が配置されているような数である．もしこのような数が存在するならば，私たちが漠然と抱いている個々の数の調和性に対する想いは崩されていくのではないだろうか．

しかしこのような数は実は私たちのごく身近に存在していた．直角をはさむ 2 辺の長さが 1 の直角三角形の斜辺の長さは，有理数としては表わせない数だったのである．このことを最初に発見したのは，ピタゴラスであり，無理数の発見として伝えられている．それは今から 2500 年前の昔のことであった．この事実はよく知られている次のピタゴラスの定理から導かれる．

[ピタゴラスの定理]

直角三角形において，直角をはさむ 2 辺の長さを a, b，斜辺の長さを c とすると

$$a^2 + b^2 = c^2$$

が成り立つ．

これは右の図で，四隅の直角三角形と，内部の正方形の面積の和が，全体の正方形の面積 $(a+b)^2$ に等しいことから，

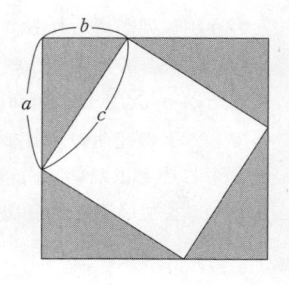

$\frac{1}{2}ab \times 4 + c^2 = (a+b)^2$ が成り立つことに注意するとよい. これから $a^2 + b^2 = c^2$ がすぐに導かれる.

このピタゴラスの定理を, 1辺の長さが1の直角2等辺三角形に適用してみると, 斜辺の長さ c は $c^2 = 2$ をみたしている. これからこの c が有理数として表わせない数であることが, 次のようにしてわかる. もし c が有理数ならば, $c = \frac{n}{m}$ (m と n には共通の約数はない) と表わすことができる. $c^2 = 2$ から $2m^2 = n^2$ という関係が得られる. これからまず n が偶数であることがわかり (奇数の2乗は奇数!), $n = 2n'$ とおくと $2m^2 = 4n'^2$, $m^2 = 2n'^2$ から, m も偶数となり, これは m と n に共通の約数 2 があることになり, 既約性に反する.

この c を $\sqrt{2}$ と表わす. $\sqrt{2}$ は, 直角三角形の斜辺の長さとして具体的に与えられている数だから, 長さを精密に測っていけば, $\sqrt{2}$ の近似値として

$$1, 1.4, 1.42, 1.421, \cdots$$

という小数列が得られる. しかし有理数ではないのでこの小数列は決して循環しない.

したがって $\sqrt{2}$ は, 対角線の長さを精密に測り続けていっても, その究極の値となる無限小数の全貌を決して明らかにすることはない. $\sqrt{2}$ という数の存在は, 私たちがいままで学んできた数の知識で確かめるのではなく, 1辺が

1 の正方形の対角線の長さということで確認している．私たちはこれまで，数は自然数からはじまって，演算の世界の中で発展してきた道を辿ってきた．しかし $\sqrt{2}$ は四則演算からは生まれてくる数ではなかった．$\sqrt{2}$ は 1 辺の長さが 1 の正方形の対角線の長さとして姿を現わした．

● $\sqrt{2}$ は 2 の平方根 (square root) とよばれているが，これはラテン語の radix (根) と関係がある．砂漠の民アラビア人は，平方根を木のように根から生成されたものと考えたので，平方根を根を意味する言葉で表わしたといわれ，それがラテン語に訳されたのである．記号 $\sqrt{}$ がいまのように使われるようになったのは 17 世紀後半から 18 世紀になってからである．$\sqrt{}$ の由来ははっきりしないが，オイラーは r の変形からきたのだろうといっている．

数という概念は広く深いものであり，それは算数の世界の中にだけ広がっているものではなかった．数は長さとして図形の奥にもひそんでいた．しかしそこに目を向ければ，長さ，重さ，速さなど，私たちを取り巻いている多様な量の世界からも，私たちは日常つねに数に出会っていることになる．

古代ギリシアで，ユークリッドによって著わされた『原論』は，その後にイデアの世界を負っていた．そしてそこ

では'比'という概念がもっとも重要なものであった．しかし現実の世界は，自然数や有理数によって整然と組み立てられ，相互の関係が比によって測られるようなものからはなってはいない．1辺の長さが1の正方形は，連続的に縮めたり，拡大することができる．そのとき，辺の長さも，対角線の長さも，また面積も連続的に変化していくだろう．そこに現われてくるのは，すべて実在の数である．しかしギリシアの人たちの目は，イデアの世界に向けられていたから，ピタゴラス学派の人たちは，$\sqrt{2}$という実在する数の発見を，学派の中の固い秘密に止めようとした．この秘密の扉は，数学の中では，近世に至るまで大きく開かれることはなかったのである．

しかし近世ヨーロッパの目覚めとともに，ケプラー，ガリレイ，パスカルなどにより，自然科学や実証科学への道が拓かれ，それと同時に，数は演算を超えて，広い世界へ向けてはたらき出したのである．そこに見えてきたのは，自然数のように生成されていく無限ではなく，時間のように連続した流れの中ではじめて捉えられる数の姿であり，またさまざまな変化の過程で生成されていく無限の中の数であった．

第2章 数直線と実数

1. 実在する世界

　私たちの日々の生活の中では，時間の流れとともにさまざまなものが変化している．私たちひとりひとりも，その中に取りこまれているのだから，それを離れたところから見るような客観的な視点を求めることは難かしい．そのため実在の世界に関することは，私たちの方から問いかけていくのではなく，私たちを取り囲んでいる世界の方から，私たちに問いかけてきているようにみえる．その問いに答えるのは，古代は哲学や思想であったが，近世になってそれは数学と自然科学へと変ってきた．

　ここでは古代ギリシアの哲学者たちの思想を少し紹介してみよう．

　ヘラクレイトス（紀元前540?-480?）：火の中に宇宙のさまざまな現象が解明されるのを見た．存在のうちにある生成の原理を見ていたようである．

　デモクリトス（紀元前460?-370?）：万物のもとは，不生・不滅・不変のアトムであった．これは無限にあるから，

その離合・集散によって万物が生成されるとした．

このような自然学派とよばれる哲学者とは別に，万物とよばれるものの中に，存在の単一と単一性を見ようとしたエレア学派がある．ここでは運動とか，変化とか，生成とかは否定されている．

ゼノンの逆理で有名なゼノン（紀元前 489?-430?）は，この学派に属している．ゼノンの逆理は変化の相の中に矛盾があることを指摘した．'アキレスと亀' と '飛んでいる矢は飛ばない' の逆理はよく知られている．

「足の速いアキレスも，少し前に出発した亀を追いこすことはできない——アキレスが亀のいた場所に着いたときには，亀はその少し前にいる．これは無限にくり返されるから，アキレスは亀に追いつけない」[*]．

「飛んでいる矢を考えよう．ある瞬間には矢は止まって

---

[*] 'アキレスと亀' は，等比級数の知識があれば矛盾が導ける．かんたんのため，亀はアキレスの 1m 先にいて，アキレスの速さの半分の速さで歩くとする．

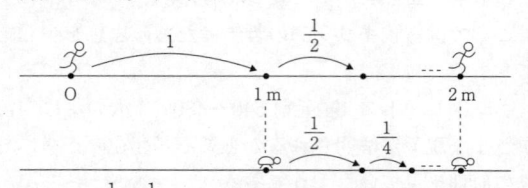

このとき $1+\frac{1}{2}+\frac{1}{2^2}+\cdots=2$ から，アキレスは，出発点から 2m のところで亀に追いつく．（しかしここでは '無限の和' が用いられている．）

いる．時間は瞬間からなる．したがって飛んでいる矢は飛ぶことはない」**).

　時間とか，瞬間はこのように古来から哲学者の関心を惹いてきたが，それがいつ頃から，時刻と時刻の間をつなぐ，さらに細かい時刻があり，その奥にさらに連続的につながって流れる時間があると考えられるようになったのか．そしてそれはやはり数として示されるということが，どれだけ長い時をかけて育てられてきたものか，私には推察してみることさえできない．

　しかし，古代から日時計や砂時計で時間が測られ，また太陽や月の動きから暦が作成されてきた．ナイル川の流れはエジプトの人たちに永遠を，また年ごとの氾濫は季節の循環を教えた．そのような外界の変化は，日常生活の中で扱われる数とはまったく異なるところにも，それを測る'数'があることを感知させていったに違いない．

　14世紀になると，時計が教会や公共の建物で使われるようになってきた．当初の時計は適当なかみ合わせ装置（テンプ）で調整するような仕組みだったようである．15世紀末にはぜんまい時計がつくられるようになり，やがて16世紀末になると，家庭でも時計が見られるようになってきた．それを通して，時間の変化を連続的に示すような数に対する認識が，少しずつ一般の人たちの間にも行き渡って

**) 時間が実数によって表わされるとすれば，時計の針の動きで示される実数には，'次の瞬間'に相当するものはない．

きたのかもしれない．それが直ちに実数概念を育てていくことはなかったとしても，時計の文字盤を回る針の先に，時刻が回っていたことはたとえそこに何も記されていなくとも感じとることはできたろう．

いまではすっかり当り前のことになっているが，どんな長さや重さでも，精密な測定を繰り返すと，測定値がごく僅かずつ変って正確な値に近づいていく．このような経験の中から，私たちは，測定という行為の先には，究極の値が待っているという感覚を身につけてきたのだろう．この究極の値は実数によって与えられる．

しかし改めて立ち止ってみると，この宇宙を流れる時間と，すべての量を，どこまでも正確に測っていくことができるような数——実数——が，私たちの手に渡されたということは，天の配慮によるものだったろうかと思うこともある．

2. 実数概念

数える，並べるという数の基本的なはたらきは，いまは算数の中で取扱われている．このような四則演算の世界とはむしろ対極的な場所にある実数は，'無限'という概念によって支えられている．実数がはたらく場所は時空の中にある．数学に関心がある人ならば，'実数とは何か'という疑問を一度はもったことがあるかもしれない．

2. 実数概念

　しかしそれに答えることは大変難しいことである．たとえば

　「それは，一般には 53.620458… のように表わされる数です」

と，1つ実数を例として答えると

　「そのおしまいに…と書いてあるのは何ですか．それが数の並びを表わしているというなら，そこにはどんな数が並んでいるか，この先どこまでも書き出してみていくことができるのですか」

と問い返されるかもしれない．そしてさらに，

　「そんな数を，どうやって足したり，かけたりするのですか」

と聞かれると，すぐに答えることは難しいだろう．

　実数は，現在では数学におけるもっとも基本的な概念となっているが，しかしその数の1つ1つの存在は，無限概念によって支えられている．しかし無限は，ゼノンの逆理が示すように，私たちを'背理の淵'へと誘いこもうとつねに待ち構えている．実際，19世紀後半の大数学者クロネッカーは，実数の存在さえも疑っていたという．実数の認識は何によって与えられるのか．

　私たちは，ものの長さを測ったり，土地の面積を測ったりすることは，日々の営みの中で大昔から行なってきた．いまでは，長さとか，面積は，概念として捉えることはごく当り前のことになっている．電子の大きさや，世界の陸

地の総面積などというときも、私たちはその意味するものをはっきりと認識できる。しかしこのようなところで認識されたものを、量から数へと、できるだけ正確な値として提示しようとすると、そこに実数概念が登場してくる。しかしそれでは、実数とは何か。

たとえば、1辺が1の正方形の対角線の長さ $\sqrt{2}$ は、実数として表現すれば、1.414213…と表わされる。この表記の先は、やがて深い闇の中に包まれていくとしても、これは対角線の長さを表わすものとして、確かに'実在を表わす数'となっている。同じように円周率 π も、$\pi=3.141592\cdots$ と続く小数列の果てまで、もし進むことができるならば、その値は半径1の円の面積を正確に表わすものと認識している。

私たちが日常出会っている長さ、面積、体積、重さなどの量の世界と、また時間を、私たちの日々の営みの中で、できるだけ正確に測ろうとする試みの中から、実数が生まれ、長い歳月の中で少しずつ育てられてきたのだろう。たとえば宇宙に目を向けて、大きくなる方向に向かって進んでいく量を測ろうとするときも、またどこまでも微小な世界を追って測り続けていくときも、そこにはそれぞれの対象に応じて多様な進み方がある。ペアノの公理が自然数で示すような一歩、一歩確実な足取りで進んでいくようなことは、私たちを取り囲んでいる自然の中では決して起きはしない。私たちが慎重に次の一歩を確かめながら、1つの

実数の値を追う旅は、やがて小数点以下のある値まで辿りつくと、そこで立ち止って、そこを終着の値とし、いま来た道をふり返ることになる。円周率 π の値は、最近はコンピュータで小数点以下 5 兆桁くらいまで求めたと伝えられたが、私たちはその先にさらに続いていく数の系列に、茫洋とした想いを託しているだけである。

実数は、長い時間をかけて、天体観測やさまざまな物理現象の記録や、また長さや、時間の計測の中から生まれてきた、いわば実在の数である。実数は、図形の長さをできるだけ正確に測ろうという、ほとんどの場合は終りのない試みの中からも生まれてくることになった。1 辺の長さが 1 の正方形の対角線の長さ $\sqrt{2}$ も、半径 1 の円の周の長さ 2π も実数である。

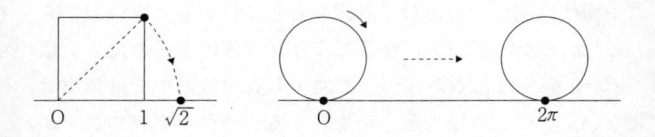

一方、時間の一様な流れは、時計の発明後、時計の針の動きを通して認識されるようになった。針の動きを、時計の文字盤を真直ぐに引き延ばしたと想像して、時間は直線上を一様に動く点として記されていると見るならば、時間

は直線上の動点が動く長さとして測られることになる．宇宙を包むように流れる時間が，直線上の長さとして測られることは，人類の最大の発見であったと思われるが，これについては，私はこれ以上述べることはできない．

量も，時間も，いまでは実数を用いて測られるようになった．そしてこの実数の中には，動点や変数，さらに関数という概念も入ることになった．自然数から有理数への道は，四則演算を完成させる道であったが，実数は万物が流転する世界に立ち入っていく数学への道を切り拓いていくことも可能にしたのである．

3. 数直線と実数

分数や有理数は，自然数における四則演算から大切に育てられるようにして生まれてきた．しかし，円の周の長さや面積に関係する π は，有理数としては表わせない数である[*]．また体積が2となるような立方体の1辺の長さ x は $x^3=2$ をみたしているが，この x も有理数の中では見出せない．このようなことからもわかるように '実在の数' が有理数として取り出されることは，むしろ稀なことだといってよい．算数の世界を超えて，観測や実験から得られる数をすべて含み，さらにそれらを数学の体系の中で整理，

---

[*] π が無理数であることの証明は，志賀『中高一貫数学コース；数学5をたのしむ』（岩波書店，2005）にある．

構築することを可能にした数体系，それが**実数**である．多様な世界を数によって記述し，さまざまな現象を表現する実数に対しては，本質的に無限概念が求められてくる．自然は人知を超えたところにあるといわれている．自然に近づくために，最後までは決して求めきれないような測定値を追っていく果てしない歩みの中から，1つ1つの数の中に動的な形で無限が入ってきたのである．実数は無限小数として表わされるが，循環小数のような特別な場合を除けば，私たちはその行きつく先を見通すことはできないのだから，私たちは1つ1つの実数を数値としてではなく，概念として認識していることになる．1つの実数を近似していくプロセスは，私たちが万物に近づき，それを測ろうとする，一歩，一歩の足どりを示しているといってもよいのかもしれない．

しかし，実数の総体を私たちはどのように認識するのか？　自然数の全体は，無限集合をつくっているが，私たちはペアノの公理を通して，それを確実に認識することができる．しかし，実数は1つ1つの数が無限小数として表わされる数でありそこにはすでに無限が内蔵されている．このような実数を総合的に捉える道はあるのか．

これに応えるのが数直線である．数直線は，'長さを測る'ことを実数概念の誕生の地点として，実数を直線上に'長さ'として表現するものである．いまは0と正の実数だけを考えることにし，数直線というときには，原点Oを

始点として右に走る数直線を考えることにする．

念のためここで，ユークリッドの『原論』第1巻の中にある，線についての定義を思い出しておこう．そこには，'点とは部分のないものである'という定義1に続いて，次の定義がおかれている．

定義2．線は幅のない長さである．
定義3．線の端は点である．
定義4．直なる線は，その上に対して一様に横たわる線である．

この定義2では，すでに'線'は'長さ'と同一視されている．定義3は，私たちの立場では，線の端には長さを示す点があり，そこに実数が記されているということになる．定義4は，無限に延びる直線の存在に触れているようにもみえる．

数直線 L の構成は次のように行なわれる．原点 O を始点とする半直線 L 上に，O と異なる点 E をとり，O から E までの長さを1とする．E を**単位点**という．これで L 上で長さを測る基準が決まった．点 P の**座標**とは，O から P

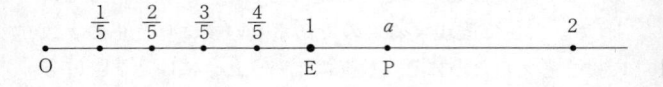

までの長さ a のことである．それを $P(a)$ と表わす．また原点 O の座標は 0 とする．OE の長さを n 倍にした点は，自然数 n の座標をもつ．

しかしどんな点 P をとっても，O から P までの長さは測れるのだろうか．そこにはどんな数が登場してくるのだろうか．この問いかけには，'長さ'という概念を明確にすることも含まれている．

原点 O と単位点 E の間の長さは 1 なのだから，O と E の間を m 等分して得られる点の座標は

$$P\left(\frac{1}{m}\right), P\left(\frac{2}{m}\right), \cdots, P\left(\frac{k}{m}\right), \cdots, P\left(\frac{m-1}{m}\right)$$

であり，この表わし方では単位点 E は $P\left(\frac{m}{m}\right)$ となる．O と $P\left(\frac{1}{m}\right)$ の長さを n 倍にした点は，座標 $\frac{n}{m}$ をもつ．この点は同時に O と E の間を mk 等分して得られる座標 $\frac{nk}{mk}$ をもっているから，このように座標をつけられた点は，有理数を表わす点となっている．有理数を座標にもつ点を**有理点**という．

座標 $\frac{n}{m}$ ($n=1, 2, \cdots$) をもつ有理点は，OE の長さを m 等分して得られる長さを基準として並んでいるから，分母の値 m を大きくとっていくと，このような点の全体は，L 上の点を隙間なく埋めつくしてしまうように思える．

しかしそれでもまだ L 上の点で有理点でない点はたくさんある．たとえば $\sqrt{2}$ や π などは有理点でないが，それ

ぞれが 1 辺が 1 の正方形の対角線の長さ，半径 1 の円の半円周の長さとして，L 上の点として記されている．そうすると $\sqrt{2}, \pi$ を有理数倍した $\frac{n}{m}\sqrt{2}, \frac{n}{m}\pi$ などの長さも，有理点ではない L 上の点として記されることになり，これらの点の分布は，有理点の分布と同じように L 上に少しの隙間もつくっていないように配列されている．

言葉づかいをもう少しはっきりさせておこう．L 上の点の集まり M に**隙間がないようにみえる**というのは，L 上にどんな短い線分をとってみても，その中に M の点が必ず入っていることである．このとき，M は L の**稠密な集合**をつくっているという．

私たちは，数直線 L を，始点 O，単位点 E をとって半直線上に，線分 OE の長さを 1 として導入した．そして L 上の点 P に対しては，O から P までの長さを，P の座標として導入した．この長さが有理数ならば，P は有理点となって，その座標は決まった値となる．有理点は L 上に稠密に分布しているとしても，しかしいまみたように，有理点でない点も，L 上にはまだたくさん存在している．

ここに深刻な問題が生じてくる．

L 上にあるすべての点に，座標を与える数はあるのか？私たちはここで，改めて '長さとは何か' という深い問題に出会うことになる．ここではまた 'L 上の 1 点をどうやって特定するのか？' という問題も生じてくる．点は概念としては大きさも，幅もないものである．したがって私た

ちが「この点です」と指し示すものは，正確には「その点は大体この辺にあります」といわなくてはいけないことになる．

そのことを考えると，数直線上で原点 O から有理点ではない点 P までの長さというのは，P に近づく有理点列 P_n ($n=1, 2, \cdots$) をとったとき，O から P_n までの長さを表わす有理数 r_n ($n=1, 2, \cdots$) がどこまでも近づいていく究極の数としなければならないということになるだろう．そのような数はあるのか．もしそのような数があれば，それはO から P までの長さを示すと同時に有理数によっていくらでも近似できるものでなければならない．

自然数が誕生してから，分数，小数，有理数と，数の世界はしだいに広がってきた．これらの数の誕生の動機は算数の中にあった．しかしいまここで求められてきた未知の数体系は，数直線上でしだいに近づいていく有理点列のゴールを示す数である．もしそのような数があれば，その数は動的な姿をとって，数直線上で自由にはたらくことになるだろう．

実数概念が誕生する時を迎えたのである．

4. 実数概念の確立

実数とは，有理数を含む数体系であって，大小関係と四則演算が有理数を含む形で成り立ち，次の2つの公理をみ

たすものである*⁾.

[公理1　有理数の稠密性]

実数 $\alpha\,(>0)$ と，正数 ε が与えられたとき

$$0 < \alpha - r < \varepsilon$$

をみたす有理数 r が存在する．

[公理2　連続性の公理]

実数の増加列

$$a_1 < a_2 < \cdots < a_n < \cdots$$

が上に有界，すなわちある正数 A があって

$$a_n < A \quad (n=1, 2, \cdots)$$

をみたしていれば，必ずある実数 α があって，n が大きくなると，$\alpha - a_n$ はいくらでも 0 に近づいていく．

この公理1と公理2から，実数の1つ1つの姿が示されてくることをみてみることにしよう．

かんたんのため $0 < \alpha \leqq 1$ をみたす実数 α を考えることにする．公理1によって，α に近づいていく

---

*) ここでは 0, および正の実数を考える．

$$0 < \alpha - r_1 < \frac{1}{10},\ 0 < \alpha - r_2 < \frac{1}{100},\ \cdots,$$

$$0 < \alpha - r_n < \frac{1}{10^n},\ \cdots$$

のような有理数 $r_1, r_2, \cdots, r_n, \cdots$ が存在する. $r_1 < r_2 < \cdots < r_n < \cdots$ と仮定してもよい. これらの有理数を, 小数または循環小数として表わしておき, 循環小数は十分先の適当なところで切っておくと, これから適当な小数列 $s_1, s_2, \cdots, s_n, \cdots$ があって

$$s_1 < s_2 < \cdots < s_n < \cdots < \alpha,\quad \alpha - s_n < \frac{1}{10^n}$$

となる. したがって, この小数列は公理2によりある実数へと近づいていくが, この構成からそれは実数 α である.

$n < m$ とし, $s_m - s_n$ を考えると, m, n が大きくなると, この値はしだいに0に近づいていく. したがって, たとえば $n < m < l$ のとき

$$\begin{aligned}s_n &= \overline{0.543\cdots}218019\cdots\\ s_m &= \underline{0.543\cdots2193}062\cdots\\ s_l &= \underset{\sim\sim\sim\sim\sim\sim\sim\sim\sim\sim}{0.543\cdots21930675}\cdots\end{aligned} \qquad (*)$$

のように, 小数点以下に現われる数の並びがしだいに一致してくる.

n がどこまでも大きくなっていくとき, この究極の値となるべきものが α である. したがって α は, (*) のよう

な表記の涯として

$$\alpha = 0.543\cdots219306\cdots$$

のように,小数点以下に無限の数が並んでいく**無限小数**として表わされることがわかった.

1 を近似していく小数列 $0.9, 0.99, 0.999, \cdots$ を考えれば,1 とこの小数列の差はしだいに 0 に近づき,結局

$$1 = 0.999\cdots9\cdots$$

となることがわかる.同じように小数 0.385 も

$$0.385 = 0.384999\cdots9\cdots$$

と無限小数によって表わされる.

いまは $0 < \alpha \leq 1$ の場合を考えたが,同じような考えで,0 以外のすべての実数は,小数も含めて,無限小数として一意的に表わされることがわかる.

公理 1,公理 2 の内容は深いのである.実数は 1 つ 1 つの数の中に無限を内蔵する数体系である.この数を用いることによって,流転を続ける万物のさまざまな現象を数学を用いて解明する道が拓かれていくことになった.

実数の連続的な変化は,無限小数として表わされる数の,小数点の先のはるか彼方にある,無限小の世界に入りこんでいる数の並びの変化から徐々に生じてくる.私たち

は自然の変化は連続して起きるものと認識している．それは自然数や有理数が，四則演算を通してはたらいている量の世界の中では，決して捉えられるようなものではなかった．実数は，変化の実相を，無限小の世界におけるはたらきとみて，それを数直線上の点の動きとして表現することを可能にしたのである．

5. 負の数の導入と，実数体系の完成

いままでは，0か，0より大きい実数——正の実数——だけを考えてきた．数が'量の世界'を測るものとすれば，それで十分であった．そこには0より小さい量などというものはなく，たとえば，いまでも温度は0°以下のものは氷点下何度といえばよく，また高さ，深さを測るときは，地上何メートル，地下何メートルといえばよいのである．

しかし，時間の流れの中では，未来の時間と過去の時間の境にある現在は，つねに止ることなく動いている．'量'は，対象があって測られるものだが，時間は世界を包むようにして流れており，私たちは自然の営みの中や，季節の流れ，また長い歴史の足どりの中から，過ぎ去った時間と来るべき時間を感じとっている．時間を知ることは，日々の生活の中でも欠かせないものだったから，昔から日時計や水時計で時が測られ，星の観測を通して季節の変化が知られ，暦がつくられていた．しかしそこではそれらは直接

数と結びつくものではなかった．時間が数概念とはっきり結びつくには，前にも述べたような時計の発明があった．しかし今では私たちは，時間の流れを数直線上の点の流れとして表わし，刻々と変り行く'現在'という一瞬を，数直線上の原点として表わすことによって，時間を過去と未来を分かつ場所に立って，静止して見る視点を見出した．このことは，人間の叡智によるものだったろうか，あるいは天の配慮によるものだったろうか．

しかし前節で述べた量を測る数直線は，原点から右へ向けて一方向に走る直線上の点として表わされていた．もしこの数直線だけを用いて時間を測るとすれば，私たちは現在を示す原点に立って，どこまでも右手に延びる直線上の点に，未来の時間を表わしていくことになる．しかし振り向けば，私たちはどこまでも過ぎ去った時間が後ろに続いているのを見る．この過去の時間を示すためには，原点Oから右へ延びた未来の時間を示す半直線を，Oを中心に反転し，そしてさらに現在から振り返って測った過去の時間は，マイナス記号をつけて，次のように表わすことになるだろう．

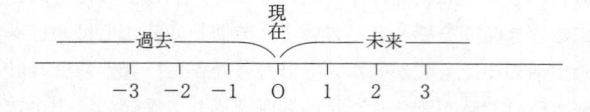

$$
\begin{array}{c}
\text{現在}\\
\text{─過去─}\overbrace{}\text{─未来─}\\
-3\quad -2\quad -1\quad O\quad 1\quad 2\quad 3
\end{array}
$$

このとき原点から右に，座標としてつけられた数を**正の**

数，左に座標としてつけられた数を**負の数**という．そしてこれからは，正の数，0（原点），負の数を併せて**実数**という．このことは同時に，数学において，数直線とその座標としてつけられた実数という概念が同時に完成した姿をとって現われたことを意味している．

そして過去から未来へ向けての一方的な時間の流れは，この数直線上に並ぶ数が，左から右へ進むにつれて，しだいに大きくなるという大小関係で認識されることになった．

このような表現によって，過去から現在，未来への時間の流れは，数直線上では，負の数から原点を越えて正の数へと移っていく，点の動きとして表わされることになった．そして実数によるこの時間の表現を通すと，時間を瞬間，瞬間捉えようとする試みは，数直線上の点を，1点，1点捉えようとする試みに対応してくる．しかし時間の流れの中では，瞬間，瞬間は捉えることはできず，瞬間に刻々と近づいていく時間の流れの方に注目することになる．このことは，時間を数直線上に数として表わしたとき，ある1つの数を明確な形で表わすことは難かしいが，その数に近づいていく数列の値を追い求めていくことはできるということを示唆していることになるだろう．

実数は，数直線という表象をもつ数体系である．実数の中では，有理数を含む四則演算が次節で述べる極限概念を通してすべて可能となり，また大小の順序がつく．それら

は実数の中に,静的な数の構造を与えている.一方,実数には数直線という幾何的な表象も与えられた.それによって時間の流れが表現され,この数直線上を動く点は'動点'ともよばれるようになった.そしてこの動点によって,数学は流転する世界を表現する場を得たのである.また1つ1つ実数の中に含まれている無限概念は,数直線上の動点の動きとして表現される極限概念の中に包括され,無限は実数の中で総合的なはたらきを示すことになってきた.

しかし,実数が無限概念を支えているのだろうか,無限が実数概念を支えているのだろうか.宇宙の涯から,素粒子まで,すべて実数を基軸において調べられているが,それは数の誕生にまで遡ってみれば,何か神秘的なことのようにも思えてくる.

● 数式の中などに現われる負の数の演算も自由に行なえるようになったのは,18世紀になってからである.しかし数体系を抽象的な視点に立って見て,負の数の演算規則は,演算としての公理体系,すなわち結合則,可換則,分配則などから導かれるものであるということを明確にしたのは,英国の数学者ピーコック(1791-1858)の2冊の著書『代数学』(1830)と『記号代数学』(1850)である.ここではこの視点に立って,$(-1)\times(-1)=1$という負の数のかけ算の規則がどのようにして導かれるかをみておこう.

まず $1\times\{1+(-1)\}=1\times 0=0$ から，$1\times 1+1\times(-1)=0$，移項して $1\times(-1)=-1$ となる．したがって $0=0\times(-1)=\{1+(-1)\}\times(-1)=1\times(-1)+(-1)\times(-1)=-1+(-1)\times(-1)$．これから $(-1)\times(-1)=1$ となる．

6. 極限と連続性

　自然数や有理数では，1つ1つの数がはっきりとした形で示されている．そしてそこでは，2つの数をもってきて，足したり，引いたり，かけたり，割ったりすることができる．かんたんなものなら暗算か筆算で，少し難かしいものなら卓上の計算機を使うとよい．しかし実数になると状況は変わってくる．たとえば円周率 π に，$\sqrt{5}$ を足して，$\pi+\sqrt{5}$ が得られるといっても，この数は1つの実数としてどのように認識することができるのだろう．

　一般に2つの実数 α, β に対して，$\alpha+\beta$ という演算をどのように考えたらよいのか．直観的には，α と β を数直線上で原点からある2点まで測った長さとすると，$\alpha+\beta$ は，その2つの長さを足した長さといえばよい．しかし α, β を実数として無限小数で表わして，それをふつうの数の足し算のように，提示された数だけを足して，無限小数として $\alpha+\beta$ を表示しようとしても，それは不可能なのである．

　たとえば2つの実数 α, β が，無限小数によって

$$\alpha = 0.563874\cdots$$
$$\beta = 2.722365\cdots$$

と，小数点以下6位まで明示された形で与えられているとする．このとき $\alpha+\beta$ は，この小数部分で表わされている部分を足して，$\alpha+\beta$ は無限小数

$$\alpha+\beta = 3.286239\cdots \tag{1}$$

と表わされているといえばよいようであるが，これは正しいことではない．それはなぜかというと，α, β をさらに小数点以下8位まで表わすと

$$\alpha = 0.56387424\cdots$$
$$\beta = 2.72236585\cdots$$

となったとする．この値を使って，$\alpha+\beta$ の小数点以下8位までの値を求めてみると

$$\alpha+\beta = 3.28624009\cdots \tag{2}$$

となる．(1)と(2)を見比べてみると，小数点以下，5位と6位の値が違っている．しかしこの(2)の値も，α, β のさらに先に現われる小数をみると，変わってくるかもしれない．

これからもわかるように無限小数として表わされる実数に，有理数の四則演算を含む形で，四則演算を導入するに

は，有限の立場では不可能であって本質的に無限概念が必要となる．無限小数は，小数点以下の数がどこまでも走っていく動的な姿を示している．そのため，そのような数の演算に対しても，必然的に動的な考えの導入が求められてくる．

ここに極限概念が登場する．

【定義】 実数列 $a_1, a_2, \cdots, a_n, \cdots$ と実数 α があって

$$n \to \infty \quad \text{のとき} \quad |a_n - \alpha| \to 0$$

となるとき，数列 $\{a_n\}$ は $\underline{\alpha に収束し}$，その$\underline{極限値は\alpha}$であるといい，

$$\lim_{n \to \infty} a_n = \alpha$$

と表わす．

● ここで $n \to \infty$ とかいたのは，n がいくらでも大きくなっていくことを示す'動詞'で，∞ は，無限大の記号とよばれている．この記号は 1665 年にウォリスが用いたもので，彼は 1000 に対する後期のローマ数字 CIƆ からヒントを得て，この記号を考え出したといわれている．またここで絶対値記号

$$|a| = \begin{cases} a, & a \geq 0 \\ -a, & a < 0 \end{cases}$$

も用いている.どんな実数aに対しても$|a|\geq 0$である.

このとき次のことが成り立つ:

> $\lim_{n\to\infty} a_n$, $\lim_{n\to\infty} b_n$ が存在するとする.このとき次の等式が成り立つ.
> (ⅰ) $\lim_{n\to\infty}(a_n+b_n)=\lim_{n\to\infty}a_n+\lim_{n\to\infty}b_n$
> (ⅱ) $\lim_{n\to\infty}(a_n-b_n)=\lim_{n\to\infty}a_n-\lim_{n\to\infty}b_n$
> (ⅲ) $\lim_{n\to\infty}(a_nb_n)=\lim_{n\to\infty}a_n\lim_{n\to\infty}b_n$
> (ⅳ) $\lim_{n\to\infty}a_n\neq 0$ のとき $\lim_{n\to\infty}\dfrac{b_n}{a_n}=\dfrac{\lim_{n\to\infty}b_n}{\lim_{n\to\infty}a_n}$

この式の意味は,右辺にかいてある $\lim_{n\to\infty}a_n$, $\lim_{n\to\infty}b_n$ が存在すれば,左辺にかいてある極限値も存在して,等式が成り立つということである.

ここでは(ⅰ)だけを示しておく.

$$\lim_{n\to\infty}a_n=\alpha,\ \lim_{n\to\infty}b_n=\beta$$

とする.このとき

$$|a_n-\alpha|\to 0,\ |b_n-\beta|\to 0$$

となり，したがって $n \to \infty$ のとき

$$|(a_n+b_n)-(\alpha+\beta)| \leq |a_n-\alpha|+|b_n-\beta| \to 0$$

これから

$$\lim_{n \to \infty}(a_n+b_n) = \alpha+\beta$$

が成り立つ． (証明終)

この式によって，2つの正の実数 α, β を無限小数として

$$\alpha = m.m_1m_2\cdots m_k\cdots$$
$$\beta = n.n_1n_2\cdots n_k\cdots$$

と表わしたとき，

$$\begin{aligned}\alpha+\beta &= \lim_{k \to \infty} m.m_1m_2\cdots m_k\cdots + \lim_{k \to \infty} n.n_1n_2\cdots n_k\cdots \\ &= \lim_{k \to \infty}(m.m_1m_2\cdots m_k\cdots + n.n_1n_2\cdots n_k\cdots)\end{aligned}$$

となる．ここで2式目の極限値が存在することは，[連続性の公理 2] によっている．こうして実数 α, β の足し算が，そこに近づく小数列の足し算の極限値として求められることが確定したのである．ほかの演算に対しても同様のことがいえる．極限はこのとき，有限の数の間に行なわれる演算を，無限へと渡す架け橋の役目をしている．無限小数の間の演算は，これによってはじめて確定し，実数は四則演算のできる完成した数体系となったのである．

こうして有理数を稠密に含む実数という数体系が完成し，そこでは演算が自由に行なえるだけではなく，数直線という表象も克ちとることになった．そこでは数直線上を自由に動く動点が'変数'として活躍することになる．これは次章のテーマとなる．

ここで改めて実数概念をかんたんに総括しておこう．有理数は基本的には1つ1つの数が算数の世界の中で意味をもつものであって，そこでは数がつながっているなどという表象を見出すことはできない．数を直線上の点として表現することができたのは，小数概念があったからである．しかしそれでも小数点の先につながる数を追って，無限小の世界に走っても，その後にあらかじめ直線という表象が用意されていなかったならば，小数が点という概念と結びつくということなどなかったろう．

一方，幾何学で引く線分や直線には，点がそれらを構成し総括する'素子'であるという視点はない．2直線が交われば直線上の1点が得られるが，そのことが直線は点からなるということを示唆はしていない．数直線は，幾何学で作図で得られる線分や，あるいは平行線のようなところから生まれてきた表象ではないのである．それについては第7章で改めて詳しく述べるが，実は数直線の概念が生まれてきたのは近世という時代がはじまってからであった．それは天文学の発達とともに，惑星の軌道についての精密な観測値が多量に得られるようになってきたことによって

いる。その処理に用いられる三角関数の値も 15 桁を越すようになってきた。このような大きな数の計算処理の中から、抽象的な数の姿というものがしだいに浮かび上ってきたのである。この大きな数の背後にあるのは、時間の流れの中で運動法則にしたがって天体を回る惑星の運動である。時間の流れは直線上の点の流れとして表現される。そのとき惑星の軌道は、観測値によって解析された曲線を描く。ここから数直線の概念と、その上で時間を変数として表わされる曲線が誕生し、それが微分積分の解析などを通して、しだいに実数概念を育てていくことになった。

実数概念を支えるのは連続性である。これについては 19 世紀になってコーシー、ワイエルシュトラス、デデキントなどによっていろいろな角度から光があてられるようになった。これについて少し述べておこう。

コーシー列と完備性

実数列 $\{a_n\}$ $(n=1, 2, \cdots)$ が

$$|a_m - a_n| \to 0 \quad (m, n \to \infty)$$

をみたすとき、**コーシー列**という。このときある実数 α があって

$$\lim_{n\to\infty} a_n = \alpha$$

が成り立つ．この性質を**実数の完備性**という．

区間縮小法

$$a_1 < a_2 < \cdots < a_n < \cdots < b_n < \cdots b_2 < b_1$$

という関係をみたす実数列 $\{a_n\}, \{b_n\}$ があって

$$b_n - a_n \to 0 \quad (n \to \infty)$$

が成り立つならば，ただ 1 つの実数 α があって

$$\lim_{n\to\infty} a_n = \lim_{n\to\infty} b_n = \alpha$$

が成り立つ．

デデキントの切断

ここでは，実数は数直線上の点として実現されているとみる．

数直線を下の組 A と，上の組 B に分ける．ここで B 組に入っている数は，A の組に入っているどの数よりも大きいとする．(A, B) を**切断**という．このとき次の 2 つの場合の，どちらか一方だけが必ず起きる：

（ i ）A に最大値はあるが，B に最小値はない．

（ⅱ）A に最大値はないが，B に最小値はある．

デデキントは，切断 (A, B) は，（ⅰ）または（ⅱ）によってただ1つの実数を決めるとして，実数は数直線の切断によって生ずると考えた．

このデデキントの切断の考えは，[連続性の公理]から次のように導かれる．A の中の点列で，切断点にしだいに近づいていく点列 $a_1 < a_2 < \cdots < a_n < \cdots$ を考える．このとき公理から，必ず $\lim_{n\to\infty} a_n = \alpha$ となる実数 α が存在する．α が B に入っていれば，α にいくらでも近い a_n が A に入っているのだから，A に最大値はない．また α が A に入っているときは，α は切断点を与える実数となる．このとき B の方から α にどこまでも近づける点列，たとえば $\alpha + \frac{1}{n}$ ($n = 1, 2, \cdots$) があるのだから，B には最小値はない．

デデキントは，実数は直線の切断 (A, B) によって得られる数としたのである．なお，このことは，'飛んでいる矢は飛ばない' というゼノンの逆理を否定したことにもなっている．'ある瞬間を考えよ' といったとき，その瞬間を過去の時間の '最大値'，現在を指し示しているとすると，未来には '最小値' はなく，次の瞬間はないことになる．

上限 (sup) と下限 (inf)

実数の集合 A が，上に有界，すなわちある数 K があっ

て,どんな $a \in A$ をとっても $a < K$ が成り立つとする.このとき次の性質をみたす実数 α が存在する:

 i) $a \in A \Rightarrow a \leq \alpha$
 ii) どんな小さな正数 ε をとっても,ある $c \in A$ があって

$$\alpha - \varepsilon < c$$

が成り立つ.

この性質をみたす α はただ 1 つ決まる.α を A の上限(superior)といって $\sup A$ で表わす.α 自身は A に含まれているときも,含まれていないときもある.

実数の集合 B が下に有界のとき,対応して B の下限(inferior)とよばれ,$\inf B$ と表わされる β が決まる.それは次の性質によって特性づけられる.

 i) $b \in B \Rightarrow \beta \leq b$
 ii) どんな小さい正数 ε をとっても,ある $d \in B$ があって

$$d < \beta + \varepsilon$$

が成り立つ.

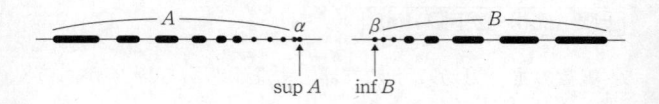

これらの実数の性質は，表現は違うがすべて［連続性の公理］と同じ内容を述べている．微分積分は17世紀後半，ニュートンとライプニッツによって創造されたが，当時は実数概念はなお十分確立しておらず，「線分上を点が動く」などといういい方がされていた．

自然数や有理数は，1つ1つの数がはっきりと表示されその存在を示していた．しかし実数は1つの数が取り出され，その存在がはっきりと示されるということは一般には生じない．無限小数として表わされた1つの実数を，私たちはどうやって認識するのだろう．私たちが認識しているのは，数直線という表象の上にある実数という総体である．実数はこの表象を通して，自然数や有理数にはなかった動的な動きを見せるようになってきた．数学の概念は，表現される場を見出すことで，はじめてその概念が内蔵している広いはたらきを見出すことができるということを，実数と数直線ははじめて明らかにした．そしてこの表現に立って，実数はさらにグラフを通して関数概念を育て，そこで18世紀以降，微分積分が展開していくことになる．しかし微分積分の体系が完成したのは19世紀になってからである．

このような数学の流れの中で当時の数学者の前に立ちふさがったのは，実数の中に含まれている無限概念をいかに正しく理解すべきかという深刻な問題であった．

この問題が［連続性の公理］，あるいはそれと同値な上に

述べた実数の性質によって解決されたのは実に 19 世紀半ばになってのことである．そこに至るまでには，微分積分が誕生してから 200 年近くの歳月がたっていた．

第3章 変数と関数

1. 近世数学の誕生

　数学——mathematics——の語源は，いまから2500年前のピタゴラス学派にまで溯るといわれている．その原義は'学ばれるもの'である．しかし数学が学問としての姿をはっきりと最初に示したのは，2300年前に書かれたユークリッドの『原論』であった．『原論』では，図形の長さや角に関するさまざまな関係が明らかにされ，また比例論などが展開されていたが，その背後にはイデアの世界が大きく広がっていた．

　これ以後数学は，古代インドを通して，7世紀以降はイスラムで育てられたが，それは文字と式を通して，演算の奥に隠されている数のはたらきを追求していくものであった．ギリシアでは幾何学が，イスラムでは代数学が誕生したのである．

　しかし中世ヨーロッパでは，この2つの学問が継承され，育てられるということはほとんどなかった．16世紀になると，カルダーノが3次方程式，フェラリが4次方程式

の解法を見出したが，しかしこの発見が新しい数学の流れをつくるということはなかった．

近世数学に向けての最初の動きは，1637年に書かれたデカルトの『幾何学』からはじまるといってよい．デカルトは，ここで幾何学の対象をそれまでの作図で求められる三角形や円などに限らず，代数式として表わされる曲線相互の関係に向け，それを代数的に解析していく方法を導入し，'解析幾何学'を創成したのである．

『幾何学』の最初は次のような文章からはじまる[*]．

幾何学のすべての問題は，いくつかの直線の長ささえ知れば作図しうるような諸項へと，容易に分解することができる．

[算術の計算は幾何学の操作にどのように関係するか]

そして，全算術がただ4種か5種の演算，すなわち，加法，減法，乗法，除法，そして一種の除法と見なしうる巾根の抽出によって作られているのと同様に，幾何学においても，求める線が知られるようにするためには，それに他の線を加えるか，それから他の線を除くか，あるいはある線があり——これを数にいっそうよく関係づけるために私は単位と呼ぶが，普通は任意にとることができるものである——さらに他のふたつの線があると

---

[*] デカルト『幾何学』（原亨吉訳，『デカルト著作集1』，白水社，1993）を参照した．

き，この2線の一方に対して，他方が単位に対する比をもつ第4の線を見いだすか——これは乗法と同じである——または2線の一方に対して単位が他方に対する比をもつ第4の線を見いだすか——これは除法と同じである——あるいは最後に，単位と或る線との間に，1個，2個，またはそれ以上の比例中項を見出すか——これは平方根，立方根を出すのと同じである——すればよい．私は意のあるところをよりわかりやすくするため，このような算術の用語をあえて幾何学に導入しようとするのである．

ここには，数とその演算を，線分の長さを通して表現しようとする考えが明確に述べられている．純粋に幾何学的な視点に立って，線分の間の関係を通して'線分演算'を行なったのは古代ギリシアの人々であったが，数による演算を幾何学を通して表現するということは，近世数学の曙を告げるものであった．数がはたらく世界は，デカルトが分け入ろうとした深い森であった．

もう少し先まで読み進んでいってみよう．第2巻に入ると次のような文章がある．

[すべての曲線をいくつかの類に分け，そのすべての点が直線の点に対してもつ関係を知る方法]

　次々と複雑さを増して限りなく進む曲線を描きまた考

える手段は, ほかにもいくつか示すことができる. しかし, 自然のなかにあるすべての曲線を包括し, それらを順序正しくいくつかの類に分けるためには, 次のように述べるのが最もよいと私は考えるのである.

幾何学では対象となる曲線, すなわち的確な正確さにしたがって描かれた曲線の点は, 必ず数直線のある区間のすべての点に関しての同一の方程式によって表わされる. そしてこの方程式が2個の未定数 x, y によって, xy, あるいは x^2, y^2 についての代数式として表わされるときは, 曲線はもっとも基本的な円と楕円と放物線しかない*). しかし方程式が2個の未定数(変数)——というのは, 曲線上の点を表わすには, 2個の未定数が必要となるからであるが——その双方または一方が, 3次または4次となるときには, 曲線は第3類に属する」

『幾何学』の内容はさらに深まっていき, 幾何学における軌跡の問題を解くときに, 軌跡の関係を代数式と表わし

「$y^3-2ayy-aay+2a^3$ は axy に等しい」

という3次曲線に関する文章も登場してくる. 『幾何学』の中では, さらに'座標' x, y を用いて, アポロニウスやパ

---

*) 双曲線が除かれた理由ははっきりしないが, 2本の分枝があるためか, あるいは原点で定義されていないことを考慮したのかもしれない.

ップスの軌跡の問題が，x と y についての 3 次式，4 次式の代数的な関係として示されている．それまで図形の性質は，作図だけに頼って幾何学的に追求されてきたが，そこには高度の直観力が必要とされた．幾何学は限られた人たちの閉ざされた学問分野にすぎなかった．しかしデカルトの解析幾何により，図形と代数演算が 1 つに結ばれて そこから近世数学への開かれた道がはじまることになってきた．

デカルトは，2 つの変数 x と y の代数的な関係を，個々の場合に応じて座標軸に相当する 2 本の線分を用いて，x, y を座標とする幾何学的な関係に変え，曲線として表示したが，しかし『幾何学』の中では，一層普遍的な座標平面と座標という考えを提示することはなかった．幾何学の対象は線分であり，そこに無限に延びる直線が登場してくることはなかったのである．

数直線と，その上を動点として動く**変数**という概念は，数学の中からではなく，力学の中から誕生することになった．現象の世界の中では時間はつねに流れ続け，観測される量は時間の流れの中で変化し続ける．そこに量の変化の状況を見出し，記述しようとすると，時間と量との関係を結ぶ法則が求められてくる．この法則を得るには，個々の量の変化から離れ，抽象化された形をとって数学の中で定式化されることが必要になる．そのときは時間もさまざまな観測量も，数として表現される．これが変数概念の誕生

につながる．英語で変数は'variable'（変り得るもの）といい，日本語の'変数'よりは，はるかに包括的なものとなっている．個々の変数を表現する場は，抽象化によって単一化され，無限に延びる数直線となり，変数はその上を動く動点として表わされることになった．そして時間と変量との関係は，そこでは座標平面上のグラフとして表わされることになる．こうして物理学においてもっとも基本的な変数である時間は，数直線上の動点として表わされることになった．ここには「万物は数である」というピタゴラスの言葉と，ヘラクレイトスの「万物は流転する」という言葉がひとつに重なって数学の上に登場してきたようにみえる．実際，数学はここから万物の動きを解析する道へと進むようになったのである．

　このような力学的世界像は，もちろんニュートン力学の誕生によってはじまるが，それは1680年以後のことである．その胎動ともいう時期は1604年から1605年にかけてのケプラーによる，火星は太陽を1つの焦点とする楕円軌道を描くという自然法則の発見と，ガリレイが1604年に発見した落体の法則からはじまった．落体の法則とは，自由落下運動は，時間に関して一様に加速するという原理である．このような物理法則から，その記述には数学が求められ，そして法則を根底で支配するものは時間であるということがしだいにはっきりと認識されてきたようである．なお時間が，正確に測られ，それがさまざまな物理実験の

中から新しい物理法則を見出すための、もっとも基本的なはたらきを示すようになったのは、ガリレイの振子の等時性に基づいて、ホイヘンスが17世紀半ばサイクロイド振子によって正確な時計をつくってからのことのようである。

ガリレイの落体の法則は、次のように述べられる。地上から投げ上げられた物体の高さ h は、時間 t によって

$$h = -\frac{1}{2}gt^2 + v_0 t$$

と表わされる。ここで g は重力定数、v_0 は初速度である。

この式を見ると、時間は変数 t として数式の中に組みこまれている。また注目すべきことは、これは代数の中で見られるような関係式ではないということである。左辺と右辺はまったく異質な物理量を表わしている。それが等号で結ばれることで物理法則が示されているのだから、代数学で移項しても同じ関係が保たれるなどということはここではまったく意味を失っている。これは数式ではない。等号はまったく別の意味をもってきたのである。

この等号は新しい数学の出発を意味するものであった。ここでは2つの異なる変数が、等式として結ばれたことによって、1つの関係が生まれてきたことが示されている。それは物理学では物理法則として述べられるものであるが、数学では2つの変数の間に成り立つ関係として認識されるものである。抽象的な数がどうして動くのか。しかし紙の上に曲線が描かれていく過程で、点は動き、それは解

析幾何によって，変数の動きの関係としてすでに捉えられていた．

数学はここで静的な世界から動的な世界へ展開する契機をつかんだのである．そこでは関数概念とそれを表現するグラフが，数学のはたらく場となってきた．

2. 関数とグラフ

関数というと，私たちは 1 次関数 $y=2x+3$ や，三角関数 $y=\sin x$ のグラフなどを思い浮かべる．

1 つ 1 つの関数はこのようにすぐに特定できるが，しかし関数という概念自体は，たぶん数学の中でももっとも包括的な概念であり，それは物質とか生物というような普通名詞で表わされている概念の方に近い．ふつうは 1 つ 1 つの数に対してある数が対応する仕方が与えられているとき，それを**関数**というと述べられている．しかしもう少し限定的に述べて，実数から実数への対応，または変数から変数への対応を関数というという方が，関数概念としてふつうに包括している内容を，よりはっきりさせることになるだろう．

時間が，数学では変数として表現されることになったから，時間とともに変化するものも，それを 1 つの量として変数として表わすことができれば，それは時間の関数であると考えることができる．

2. 関数とグラフ

　もともと数は，数えたり，測ったりするものであった．しかしここで数は，変数とその数直線上の点としての表象を得て，演算の世界から飛び立って，変化する世界を2つの変数 x, y の間の関数関係として，$y=f(x)$ として見る視点を獲得したのである．そしてその関係は，xy-座標平面上のグラフとして表わされることになり，変化の諸相は，座標平面上に幾何学的な曲線として描かれることになった．

　ここでまず，**関数**——function——という包括的な概念が，数学史の中でどのような経過を辿って形成されてきたかをみてみることにしよう．

　微積分の創始者のひとりライプニッツは，曲線の方程式から接線，法線，接線の長さ，法線の長さのように，曲線の性質として導かれる線分の変化の法則を導くこと，およびその逆問題から導かれる諸量のことを「曲線において作用する」という意味で 'functio' とよんだ．functio はラテン語で実行，機能（を果たすこと），という意味である．ライプニッツのもとで学んだヨハン・ベルヌーイは「変量の関数とは，その変量と定数から，何でもよいから，何らかの仕方で構成できるもののことをいう」と述べている．

　オイラーは，座標平面上にはっきりと描かれるグラフの方に注目し，はじめて「関数 $y=f(x)$ とは，座標 x, y を基礎においたとき，任意にかかれた曲線のことである」と述べた．関数記号として f, F, φ, ψ などを使うようになった

のは, ラグランジュの『解析関数論』(1797 年)の頃からである. 19 世紀になると, コーシーは「多くの変数の間にある関係があり, そのうちの 1 つの値とともに他のものの値が決まるときに, この 1 つの変数は独立変数とよび, ほかのものはその関数という」とした. 1837 年にディリクレは, 関数についてさらに包括的に y が x の関数であるというときには,「y が全区間において同一の法則にしたがって x に関係することを要しないし, さらにその関係が数学的に表わされる必要もない」としている. 関数はここでは, 私たちの認識に基づいて確認される変数の間の一般的な関係を示すものとなった.

現在では「変数 x の値に対し変数 y の値が決まるとき, y は x の関数という」というような包括的な定義で述べることがふつうのようになっている.

● なお, 日本で用いられている'関数'という術語についても少し触れておこう. 中国, 清の時代に, 西欧から入ってきた'function'という術語に, 中国は'函数'(ファンスー)という字をあてた. 明治になってこの語が日本に入り, 日本でも長い間この字が使われていた. 1950 年代後半に当用漢字が制定され,'函'は当用漢字に入っていなかったため,'関'の字がかわりに使われるようになり, 現在の'関数'が定着するようになった. この関数という語からは, 2 つの変数

の間をつなぐ'関係'が示されているとみるのが妥当なのかもしれない.

関数 $y=f(x)$ が与えられたということは,変数 x が与えられたとき変数 y の値が決まる規則が与えられたということであり,それは変数 x が動く x 軸とよばれる数直線上のそれぞれの x に対して,変数 y の値を'高さ'として表わすことで表示することができる.

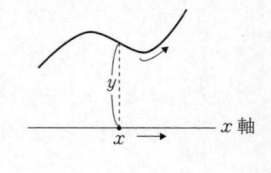

これを変数 x の動きと対応する変数 y の動きとして表示しようとすると,ここに原点 O で直角に交わる x 軸, y 軸とよばれる,変数 x, y を表示する2本の数直線と,それによって構成された座標平面の上に, $(x, f(x))$ を座標にもつ点の集まり―― $y=f(x)$ のグラフ――が現われる.

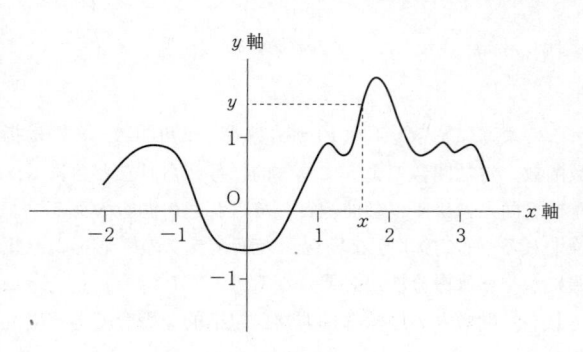

このとき1次関数のグラフは直線として、2次関数のグラフは放物線として、またxとyとの関係式

$$\frac{x^2}{a^2}+\frac{y^2}{b^2}=1 \quad (a>b>0)$$

は,

$$y=\pm b\sqrt{1-\frac{x^2}{a^2}}$$

とかき直すと,+,-の符号によってyはxの2つの関数として表わされ,グラフは楕円となる.

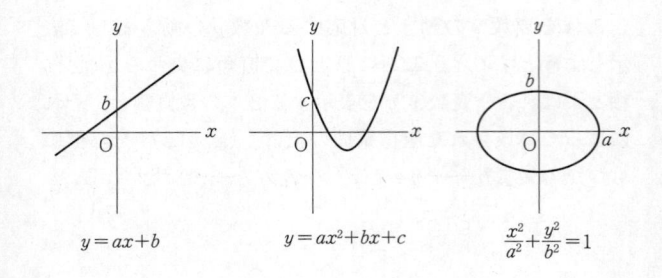

$y=ax+b$

$y=ax^2+bx+c$

$\dfrac{x^2}{a^2}+\dfrac{y^2}{b^2}=1$

このように関数$y=f(x)$が,数式,三角関数,または指数関数,対数関数のように具体的に与えられたときには,座標平面上には1つの曲線としてこれらの関数のグラフが描かれる.(このような場合,実際グラフの概形をより正確にかくには微分法が必要になる.)

しかし関数という概念は非常に包括的な概念であって,

数学の世界から離れて一般概念としてみれば、私たちのまわりに起きる多様な変化の1つ1つは、すべて時間の関数となる。たとえばコンピュータ画面上では、さまざまな観測データや実験データが波となって流れていくが、x軸としては時間、y軸としては波の高さをとり、高さを測る基準点をとっておくと、この波は、高さyを時間xの関数として表わしたものとなっている。

17世紀初頭、自然科学者や数学者が、さまざまな現象の解析や図形の変化に目を向けたとき、数学は新しい局面を迎えたのである。1つの事象の変化の相は多様であるが、実験データや観測値を通じて詳しく解析し、そこに1つの共通する特性を見出すことができれば、それは変化の奥に隠されている法則を見出したことになり、その法則は数学の言葉によって定式化されてくるだろう。この道を進めば、数学は科学の根底を支える基盤となり、閉じた学問体系から広い世界へ向けて、大きく扉を開いていくことになるに違いない。しかしここにはまったく新しい数学の考えが求められてきたのである。

この扉を最初に開き、新しい方法——微分積分——を導入して、この道を切り拓いていったのは、二人の天才、ニュートンとライプニッツであった。このことについては第8章で詳しく述べる。

3. 連続関数

　関数概念は，現在数学の中心におかれているもっとも基本的で，かつ包括的な概念であるが，17世紀の数学が最初に関心をもったのは，'変化'というものが時間の関数としてどのように捉えられるかということと，また座標平面上に描かれる図形の多様な形を，関数のグラフとして捉えることにより，曲がり方や，そのグラフが囲む面積などを具体的に求めてみようとする着想にあった．そこで一般的な対象となるのは，連続関数とそのグラフである．

　ここでは関数の変化についての基本的な概念からまず述べていくことにする．関数 $y=f(x)$ の変化の状況を調べるために，変数 x と y の対応で描かれる座標平面上のグラフに注目する．グラフは，変化の大域的な様相をひと目で示してくれる．しかし数学は，このような視覚的に捉えら

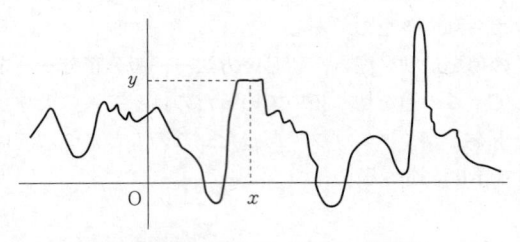

これも関数のグラフとみることができる

れる形そのものを，直接の対象とすることはできない．数学は，基本的には数という立場に立って，この形をいかに'解析する'かという問題に立ち向かうことになる．そのため数学はまず，形の変化の連続性に注目した．このとき，変化は，瞬間，瞬間の動きの連続した経過としてみることになる．数学は，この瞬間の動きを解析する方向に注目したのである．ここに関数の極限概念が登場してくる．

ここでは数学の立場に戻って，最初にこの極限概念というものについて述べていくことにする．

実数 a に対して，絶対値 $|a|$ を

$$|a| = \begin{cases} a, & a \geq 0 \\ -a, & a < 0 \end{cases}$$

と定義する．このとき $|a| \geq 0$ で，

$$|a+b| \leq |a|+|b|$$

が成り立つ．また数直線上に点 a, b があると，

$$|a-b|$$

は，a, b の間の長さとなる（下図）．

したがって変数xに対して,

$$x \neq a, \quad |x-a| \to 0$$

となるのは, xが'aの外から'aに近づいていくときである. この**状況**を$\lim_{x \to a}$で表わす.

関数$y=f(x)$が与えられたとき, xがaに近づくときの$f(x)$の値と動きに注目することが, 変数xとyとの対応を調べる上で重要なことになる. この記号を使うと, 変数xが, aの外からaに近づいていくとき, $f(x)$がある一定の値Aに近づいていく状況は

$$\lim_{x \to a} f(x) = A$$

と表わされる. このAの値を, xがaに近づくときの$f(x)$の**極限値**という.

特に

$$\lim_{x \to a} f(x) = f(a)$$

のとき, $f(x)$は$\boldsymbol{x=a}$において**連続**であるという. $f(x)$が$x=a$で連続ならば, $y=f(x)$のグラフは, 座標平面上で$x=a$の近くで, 一本の曲線としてつながっているように思えるかもしれない. しかしたとえば関数$f(x)$のグラフが次頁の図で示されているような場合には, xがaに近づくとき, y座標に示されている$f(x)$の値は$f(a)$に近づいていき, したがって$f(x)$は$x=a$で連続であるが, $x=$

a の近くでグラフはつながっていない．これは連続性の定義が1点における状況だけに注目して与えられていることによっている．

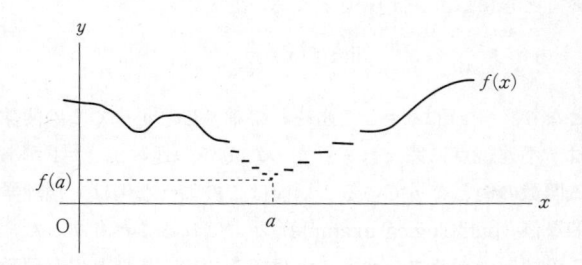

ここではただ1点だけで連続であるが，ほかの点ではすべて不連続であるような関数の例も挙げておこう．

関数 $f(x)$ は $0<x<2$ で次のように定義される．

$0<x\leq 1$ では

$$f(x) = \begin{cases} \sqrt{1-x^2}, & x \text{ が有理数のとき} \\ -\sqrt{1-x^2}, & x \text{ が無理数のとき} \end{cases}$$

$1\leq x<2$ では

$$f(x) = \begin{cases} \sqrt{1-(x-2)^2}, & x \text{ が有理数のとき} \\ -\sqrt{1-(x-2)^2}, & x \text{ が無理数のとき} \end{cases}$$

有理数と無理数は，数直線上に稠密に分布しているから，$x=1$ を除くとすべての点で不連続である．しかし x が1に向かって，数直線上を左から，また右から近づいていくときには，$f(x) \to 0$ となる．したがって

$$\lim_{x \to 1} f(x) = 0$$

となり，$f(x)$ は $x=1$ で連続となる．したがってこの関数は，不連続点に囲まれて，たった1つの連続点 $x=1$ がある関数の例となっている（以前はこのような例は，病理学的な例（pathological example）とよばれることもあった）．この関数のグラフをかくことはできない．x 軸上の有理数だけを取り出すなどということは，ただ数学の概念の世界の中だけの話である．

したがって下の図は，グラフではなく，単なる概念図というべきものとなる．

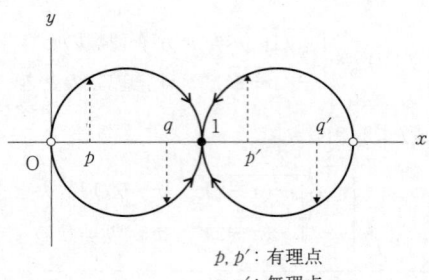

p, p'：有理点
q, q'：無理点

3. 連続関数

2つの関数 $f(x), g(x)$ が与えられれば、これらを足したり、かけたりすることによって、$f(x)+g(x)$ や $f(x)\cdot g(x)$ などの'関数演算'をすることができる。このときこの関数演算と極限の間の関係が問題となる。たとえば $\lim_{x\to a} f(x)=A$, $\lim_{x\to a} g(x)=B$ のとき、$\lim_{x\to a} f(x)g(x)=AB$ となることはほとんど明らかそうにみえても、これをどう証明してよいかはすぐにはわからない。

そのため $\varepsilon\delta$-論法とよばれるものがある。

[$\boldsymbol{\varepsilon\delta}$-論法]

どんな正数 ε をとっても、ある正数 δ があって

$$0<|x-a|<\delta \Rightarrow |f(x)-A|<\varepsilon \qquad (*)$$

となるとする。このとき $\lim_{x\to a} f(x)=A$ となる。

これは次のように考えるとよいだろう。まず $f(x)$ が A に近づいていく近づき方を示す ε として、$\dfrac{1}{10}, \dfrac{1}{10^2}, \cdots, \dfrac{1}{10^n}, \cdots$ をとる。これに対して $(*)$ から x 軸上の a を中心とする範囲が、$\delta_1, \delta_2, \cdots, \delta_n, \cdots$ と決まってくる:

$$0<|x-a|<\delta_n \Rightarrow |f(x)-A|<\frac{1}{10^n}.$$

したがって、$x\to a$ ならば、変数 x はいつかは $|x-a|<\delta_n$ をみたすから、

$$|f(x)-A| < \frac{1}{10^n} \to 0 \quad (n \to \infty)$$

となり，これから $x \to a$ のとき $f(x) \to A$ となることがわかる．

この $\varepsilon\delta$-論法を使うと，$\lim_{x \to a} f(x)$, $\lim_{x \to a} g(x)$ が存在するとき，次の等式が成り立つことを示すことができる．

(ⅰ) $\displaystyle\lim_{x \to a}(f(x)+g(x)) = \lim_{x \to a} f(x) + \lim_{x \to a} g(x)$

(ⅱ) $\displaystyle\lim_{x \to a}(f(x)-g(x)) = \lim_{x \to a} f(x) - \lim_{x \to a} g(x)$

(ⅲ) $\displaystyle\lim_{x \to a}(f(x)g(x)) = \lim_{x \to a} f(x) \lim_{x \to a} g(x)$

(ⅳ) $\displaystyle\lim_{x \to a} g(x) \neq 0$ ならば

$$\lim_{x \to a} \frac{f(x)}{g(x)} = \frac{\lim_{x \to a} f(x)}{\lim_{x \to a} g(x)}$$

たとえば (ⅲ) は次のように示される．

$\lim_{x \to a} f(x) = A$, $\lim_{x \to a} g(x) = B$ とすると，与えられた正数 $\varepsilon\,(<1)$ に対してある正数 δ をとると，$|x-a|<\delta$ ならば，$|f(x)-A|<\varepsilon$, $|g(x)-B|<\varepsilon$, 特に $|g(x)|<|B|+1$ となり，したがって

$$\begin{aligned}
|f(x)g(x)-AB| &= |(f(x)-A)\,g(x)+A(g(x)-B)| \\
&\leq |f(x)-A||g(x)|+|A||g(x)-B| \\
&< |f(x)-A|(|B|+1) \\
&\quad +|A||g(x)-B| \\
&< \varepsilon(|B|+1)+|A|\varepsilon
\end{aligned}$$

$$\to 0 \quad (\varepsilon \to 0)$$

となる．これは

$$\lim_{x \to a} f(x)g(x) = AB = \lim_{x \to a} f(x) \lim_{x \to a} g(x)$$

が成り立つことを示している．

　関数の1点での連続性だけではなくて，もっと大域的な視点に立って連続性を調べようとすると，関数 $f(x)$ の変数 x が動く範囲——関数の定義域——をはっきりと提示しておかなくてはならない．このときふつうは関数の定義域としては

閉区間　　$[a, b] = \{x \mid a \leq x \leq b\}$
開区間　　$(a, b) = \{x \mid a < x < b\}$
半開区間　$(a, b] = \{x \mid a < x \leq b\}$
　　　　　$[a, b) = \{x \mid a \leq x < b\}$,

または，数直線全体 $\mathbb{R} = \{x \mid -\infty < x < \infty\}$ がとられる．

　定数関数 $y=a$ と，自明な関数 $y=x$ はもちろん連続である．したがってこれから (i), (ii), (iii), (iv) を使うと x の多項式として表わされる関数

$$y = a_0 + a_1 x + a_2 x^2 + \cdots + a_n x^n$$

は $\mathbb{R}$ 上で連続であり，また有理関数

$$y = \frac{a_0 + a_1 x + \cdots + a_n x^n}{b_0 + b_1 x + \cdots + b_m x^m}$$

は，分母が0となる点を除いて，$\mathbb{R}$上で連続である．

これらの関数の右辺として表わされている式1つ1つを見れば，これは代数に登場する式である．しかし関数の立場では，xは未知数ではなく，変数となっており，式のもつ意味は変わってしまった．そこに現われてきたのは関数という概念に伴う'変化の相'である．1つ1つの関数は個性的な姿をとり，それらは，多様な形をとるグラフとして，座標平面上に表現される．

数学はここで，数式の演算や図形から離れて，進むべき道を見定めるためには，まず**方法**を見出すことが求められてきたのである．それは微分積分の誕生を意味する．

4. 連続関数の基本性質

連続性は，関数に対して2つの基本的な性質を賦与することになった．1つは［中間値の定理］とよばれるものであり，もう1つは有界な閉区間で定義された関数は必ず最大値と最小値をとるという定理である．このような汎用性の高い定理は，関数概念が生まれるまではなかったことを注意しておこう．

ここではこの2つの定理とその証明を述べておくことにする．

[中間値の定理]

閉区間 $[a,b]$ 上で関数 $f(x)$ は連続とし，$f(a) \neq f(b)$ とする．このとき $f(a)$ と $f(b)$ の間にあるどんな値 p をとっても，$a<c<b$ をみたす c で，

$$f(c) = p$$

となるものが存在する．

証明 $f(a)<f(b)$ と仮定しよう．このとき $f(a)<p<f(b)$ となる p を1つとり

$$A = \{x \mid f(x) \leq p\}$$

とおく．第2章6節で述べたように，このとき A の上限 $\sup A$ が存在する．それを

$$c = \sup A$$

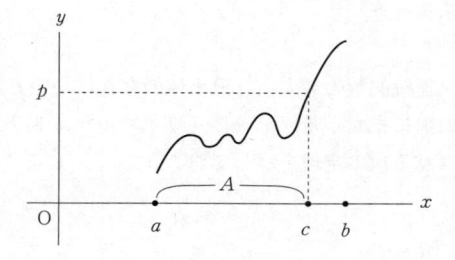

とおく.上限の性質から,c に近づく数列 $a_n \in A$ ($n=1$, $2, \cdots$) で

$$c - \frac{1}{n} < a_n$$

をみたすものがある.このとき $a_n \to c$ ($n \to \infty$) だから,関数 $f(x)$ の連続性によって

$$f(a_n) \to f(c) \quad (n \to \infty)$$

となる.$a_n \in A$ だから $f(a_n) \leqq p$.したがって f の連続性により $f(c) \leqq p$ となる.

 一方,c は A の上限だったから,A の定義を見ると,$c < x \leqq b$ ならば

$$f(x) > p$$

したがって x が右から c に近づくときを考えると,$f(x)$ の連続性から $f(c) \geqq p$ となる.

 上に述べたこととあわせて $f(c) = p$ となり,中間値の定理が示された.

 次に,連続関数の最大値,最小値の存在について述べるが,その前にまずボルツァーノ-ワイエルシュトラスの定理とよばれる次の定理を示しておこう.

[集積点の存在定理]

閉区間 $[a, b]$ の中の無限に異なる点列 $\{x_1, x_2, \cdots, x_n, \cdots\}$ に対して,必ずこの中の部分点列 $\{x_{i_1}, x_{i_2}, \cdots, x_{i_n}, \cdots\}$ で,$[a, b]$ の中の1点 q に収束するものがある: $\lim_{n\to\infty} x_{i_n} = q$.

q を点列 $\{x_n\}$ の**集積点**という.

証明 区間 $[a, b]$ を2等分して,I_0, I_1 とすると,そのどちらかには,$\{x_1, x_2, \cdots, x_n, \cdots\}$ が無限に含まれている.I_0 に無限に点が含まれているときは I_0 を,そうでないときは I_1 をとる.いまは I_1 に無限に含まれているとする.次に I_1 を2等分して,それを I_{10}, I_{11} とする.少なくともこのどちらか一方には無限に点が含まれている.もし I_{10} の方に無限に点が含まれていれば,I_{10} の方を2等分してそれを I_{100}, I_{101} とする.こうして次々と区間を2等分して,同じような操作をくり返すと,

$$I_0 \supset I_{10} \supset \cdots \supset I_{10\cdots110} \supset \cdots$$

のような減少する区間の無限列が得られる.これらの区間のそれぞれには,x_n は無限に含まれているが,各区間からその1つを取り出してそれを

$$x_{i_1}, x_{i_2}, \cdots, x_{i_n}, \cdots$$

とすると,$m, n \geq N$ のとき

$$|x_{i_m}-x_{i_n}| \leq \frac{1}{2^N}(b-a)$$

となり，したがって $\{x_{i_n}\}$ はコーシー列をつくっており，実数の完備性から，点列 $\{x_{i_n}\}$ は閉区間 $[a,b]$ の中のある点 q に収束する．これで証明された．

[最大値，最小値の存在定理]

閉区間 $[a,b]$ 上で定義された連続関数 $f(x)$ は，$[a,b]$ の中のある点 x_0 で最大値，ある点 x_1 で最小値をとる．

証明 まず閉区間 $[a,b]$ 上で定義されている連続関数 $f(x)$ は有界，すなわちある正数 K によって

$$|f(x)| < K$$

が成り立つことを示す．もし有界でないとしたら，$[a,b]$ の中の点列 $\{x_1, x_2, \cdots, x_n, \cdots\}$ で

$$|f(x_n)| > n$$

となるものがある．この点列の集積点を p とすると，$\{x_n\}$ の部分点列 $\{x_{i_1}, x_{i_2}, \cdots, x_{i_n}, \cdots\}$ で，$x_{i_n} \to p$ となるものがある．$f(x)$ は連続だから，このとき $f(x_{i_n}) \to f(p)$ となるが，$|f(x_{i_n})| \to \infty \ (i_n \to \infty)$ だから，これは成り立たない．これで $f(x)$ は有界であることが示された．

したがって $f(x)$ のとる値に注目して

$$J = \{f(x) \mid a \leq x \leq b\}$$

とおくと，J は有界な集合になる．したがって実数の連続性により

$$\alpha = \inf J, \quad \beta = \sup J$$

が存在する．

この α, β は，閉区間 $[a, b]$ における $f(x)$ の最小値，最大値を与えている．どちらも同様だから，α が $f(x)$ の最小値であることを示そう．

α は J の下限だから，次の2つのことが成り立つ．

・$\alpha \leq f(x)$．
・どんなに大きな自然数 n をとっても

$$f(x_n) < \alpha + \frac{1}{n}$$

となるような x_n が存在する．

この2つから

$$\alpha \leq f(x_n) < \alpha + \frac{1}{n}$$

が成り立つ．

もしある n で，$f(x_n) = \alpha$ となれば，この x_n で f は最小値 α をとる．そうでなければ数列 $\{x_1, x_2, \cdots, x_n, \cdots\}$ は無限点列となり，集積点 x_0 をもつ．このとき適当な部分点列 $\{x_{\nu_1}, x_{\nu_2}, \cdots\}$ をとると

$$x_{\nu_i} \to x_0$$

となる．これから f の連続性により

$$\lim_{\nu_i \to \infty} f(x_{\nu_i}) = f(x_0) = \alpha.$$

$\alpha \leq f(x)$ だったから，この式は $x = x_0$ で f が最小値 α をとることを示している． (証明終)

なお，閉区間 $[a, b]$ 上で定義された連続関数 $y = f(x)$ がとる値の範囲——値域——は，$f(x)$ の最小値を α，最大値を β とすると，中間値の定理によって y 軸上の閉区間 $[\alpha, \beta]$ となっていることを注意しておこう．

第2部

概念の誕生と数学の流れ

第4章 数学の概念について

　数学という学問の展開を，このように概念を中心として述べていくということは，数学の特殊性に負っている．数学では，物理学や化学のように，観測や実験から見出される新しい事実や，現象のデータを解析することによって，それまで未知であった分野が突然扉を開くということはないのである．数学の概念は数学の歴史の中で創られ，数学の発展の中で育てられていく．

　数学者の前には，つねに考えるべき問題はおかれているが，その奥に隠されているものは，解決されるまで姿を現わすことはない．数学という学問は，その拠り所をひとりひとりの数学者の思考の中においている．多くの数学者は，ひとり書斎や研究室にこもり，あるいは道を歩きながら，考え続けている．数学者どうしが黒板に書かれたたくさんの数式に向き合って，何時間にもわたって議論し続けるときでも，そこには沈黙して考え続ける静寂の時がしばしば流れていく．

　数学者には，ペンと紙さえ与えればよいとよくいわれるが（最近はここにコンピュータも加わったが），研究の対象

となっている深い森へと踏みこんでいく道は，その研究に携わっている数学者たち以外には，誰にも見えない道である．そうした中から，長い思索とその総括の過程で，それまで誰も気づかなかったような新しい数学の概念が生まれてくる．こうして得られた概念は，過去の数学の暗かった部分に光をあてるとともに，こんどは多くの数学者たちによって，その内容の深さと広がり，さらにそれによって新たに拓かれるかもしれない理論の可能性への検討が行なわれる．現在の数学では，そのようにして創られた新しい概念は，ますます深みと広がりをもつようになってきた．

　数学の原点ともいうべきユークリッドの『原論』の中で，第5公準として与えられている'平行線の公準'は，幾何学的な実在の世界の中から生まれたものか，あるいは幾何学的な1つの概念と考えるべきものかという問いかけは，誕生当初からあった．この公準の真の意味を問う多くの数学者の試みの中から，平行線の公準が成り立たない非ユークリッド幾何学が見出された．この幾何学では，1つの直線 l に対し，直線外の点Pを通って，l に交わらない無数の直線が存在し得る．このことは，平行線はユークリッド幾何学の体系の中におかれた1つの数学の概念であったことを示している．さらに相対性理論の誕生とともに，時空はユークリッド的なものではなく，非ユークリッド的な構造をもつという驚くべき事実が明らかにされた．これは数学の概念のもつはたらきと包括性を示すものである．

方程式の解という概念は，2次方程式ですでに虚数という新しい数概念を生んだが，3次，4次までの方程式に対しては解の公式は求められても，5次以上の方程式は，頑なに解の公式を拒んでいた．その不可能な理由は，ガロア群というまったく抽象的な概念を用いることにより示されたが，それ以後，群概念は数学の基盤におかれ，さまざまな対称性をもつ構造の解明に基本的な役目を果たすことになった．

　しかし一方では，数学という学問の歴史の中では，数学はそれ自身の中で，さまざまな新しい概念を生み育てるとともに，その過程で取捨選択も行なってきたようにもみえる．たとえばユークリッド幾何からの新しい展開と考えられた射影幾何は，完全な公理体系によって築かれたが，いまではその公理体系さえほとんど忘れ去られてしまった．しかしそこから幾何学の枠を越えて生まれてきた射影空間は，現代数学が活発にはたらく場となっている．概念は生まれ，育てられ，やがて数学の動きの中に包みこまれていくものかもしれない．

　数学の歴史の中で，もっとも広く深い概念，微分積分は，17世紀後半，ニュートン，ライプニッツという二人の天才によって見出された．

　私たちはいまでは高等学校の数学の授業で微分積分を学び，それをいろいろな関数に適用して，グラフの性質を調べたり，極大値，極小値を求めたり，またグラフのつくる

図形の面積を求めたりする．しかし実はニュートン，ライプニッツが微分積分を見出したときには，関数という概念も，極限という概念も，また実数という概念さえも確立していなかった．デデキントが，『連続性と無理数』『数とは何か，数とはいかにあるべきか』を著わし，数と実数概念を明確なものにし，広く世に示したのは，ニュートンとライプニッツが微積分の構想を得てから，約200年後のことであった．このときには微積分は創成期の思想を深く包みこんだまま，まったく新しい姿へと変わっていた．大きな数学の流れからみれば，ニュートン，ライプニッツは一粒の麦を数学の大地に蒔き，それが多くの実を結んだということが，かえってこの二人の天才を偲ぶことになるのかもしれない．

微分積分が誕生したのは，ヨーロッパが中世の閉じた社会から解放され，広く深い世界に目を向け，新しい発明，発見へと乗り出していった近世のはじまりのときにあたっていた．数学は，それまでの幾何，代数へ向けての狭い視野から離れて，新しい方向を目指して動きはじめていた．近世に向けての大きな波に，数学は乗ったのである．大航海時代からはじまる精密な天体観測や，また新科学は，数学を開いた世界へ導きはじめていた．

ニュートンとライプニッツに共通していたものは，それぞれの思想に立つことによって見えてくる，この新しい世界の中に深く隠されているものへの解析であった．そこに

は数学の前に哲学があったが，二人の哲学は，まったく異なる方向に向いていた．ニュートンの思想は自然哲学に向けられており，ライプニッツは'モナドの哲学'に支えられていた．近世数学は，このような思想や哲学に基づいて出発したが，やがて数学は，これらをすべて数学の概念の中に包みこんで，はじまったばかりの近世ヨーロッパの動的な世界の中で，活躍していくことになった．数学自身が，静的な学問から動的な学問へと変わってきたが，気がつけばそこには'無限'という概念が，数学を大きく包みこむようになっていたのである．

第5章　数のはたらき——歴史をふり返る

1. 具象の世界から数の世界へ

いままでは主に，自然数から実数へと数体系が広がってきた道を見てきた．実数は微分積分がはたらく土壌となったが，別の見方をすれば，微分積分が実数概念を豊かな完全なものにしたといえるかもしれない．だがそれはあくまで数学としての視点である．

しかし，もともと数は，日常生活の中から生まれたものであり，それはいろいろなものを数えたり，測ったりすることにごく自然に使われていた．それが現在のように実数を含む包括的な概念となってきたのは，数には深いはたらきがあるということが，長い歴史の中でしだいに認識され，人々の意識の中で醸成されてきたことによっている．

実際，数は日常生活の中から飛び立って，たとえば曲がりくねった図形が与えられれば，たとえその長さや面積などは測りきれないとしても，それらの正確な値にできるだけ近づこうとする試みは，私たちの好奇心に誘いの手を延ばしてくる．また遠い昔から，人々は月の満ち欠けや，夜

空に輝く満天の星を観測して，季節の微妙な移り変わりを読みとっていた．それは古代でも十分精密なものであった．たとえば西暦前133年のバビロニアの記録には，太陽と月の朔（新月のとき）が月ごとに異なることを示す表があり，そこには，

4月：28；37，21，22
9月：29；56，36，38

のように記されている．ここで；のあとの数値は60進法表記である[*]．

ここでは以下で，より身近な半径1の円の面積を与える円周率 π を追い求めてきた旅をふり返ってみよう．

古代バビロニア人は，すでに紀元前2000年には π の値として $3\frac{1}{8}=3.125$ を，そしてエジプト人は

$$4 \times \left(\frac{8}{9}\right)^2 (= 3.1604\cdots)$$

を知っていた．アルキメデスは，円に内接する正96角形の周の長さから

$$3\frac{10}{71} < \pi < 3\frac{1}{7} \quad (3.1408 < \pi < 3.1429)$$

を得ていた．

この後も，π を探してあたかも深い森に分け入っていくような数の狩人たちは，一歩，一歩確実に進んで行って，

---

[*] 中山茂編『天文学史』（恒星社厚生閣，1982）．

17世紀には小数点以下35桁の値まで見出していた．日本でも1722年に，建部賢弘（1664-1739）は，小数点以下41桁までπの値を求めていた．この'数の森'の行手には，'無限'が人を寄せつけないように立ちはだかっていることは，たぶん誰もが感じていたに違いない．

このことは級数概念が発達するにつれて，グレゴリー－ライプニッツの級数

$$\tan^{-1} x = x - \frac{x^3}{3} + \frac{x^5}{5} - \frac{x^7}{7} + \cdots$$

を用いることによって，

$$\frac{\pi}{4} = 1 - \frac{1}{3} + \frac{1}{5} - \frac{1}{7} + \cdots$$

という式が成り立つことで，はっきりと示されることになった．この級数には，分母にすべての奇数が符号を交互にかえて並んでおり，円と数との不思議な調和を見ることができる．

ニュートンは

$$\sin^{-1} x = x + \frac{1}{2}\frac{x^3}{3} + \frac{1 \cdot 3}{2 \cdot 4}\frac{x^5}{5} + \cdots$$

という$\sin^{-1} x$の展開式で，$x = \frac{1}{2}$を代入することにより

$$\pi = 6\left(\frac{1}{2} + \frac{1}{2 \cdot 3 \cdot 2^3} + \frac{3}{2 \cdot 4 \cdot 5 \cdot 2^5} + \cdots\right)$$

を見出した．

このように，ニュートン，ライプニッツの時代になると，円周率を求める道は，数学の中では無限を目指して一直線に進む級数という道と重なったのである．πは測られる量から，無限の方向にどこまでも進んでいく究極の涯にある数として認められるようになってきた．πの誕生の地が円であったことを考えれば，πがいまでは1つの実数としてほかの数と完全に融和し，四則演算の世界の中で誰でも自由に取り扱えるようになったということは，何か不思議な気持もする．ここにはピタゴラスの「万物は数である」という言葉が予言のように甦ってきているのかもしれない．

　円周率πを追う旅をみてもわかるように，数学の実在世界へのはたらきは，数と量のはたらきに注目することから生まれてきた．数は演算を許し，量は変化を許す．ある図形の面積を測るとき，このことははっきりと現われる．与えられた図形に対し，まず大体の大きさを見積るために，その図形を'タイル'で蔽い，用いたタイルの総数を数える．このときタイルの和は，場所，場所で数えたタイルの総和として求められる．同じ大きさのタイルで長方形に蔽われているところでは，縦，横の個数の積を用いることがある．それらの計算はすべて数の演算規則によっている．次にこのタイルをしだいに細かくするプロセスを進めていく．これは量の変化を生み出していく．現実の図形の形は多様だから，面積の正確な値を知るためには，このタイルは究極の極微のものまで用いなくてはならないだろう．哲

学的な視点に立ってみれば，ここにはライプニッツのモナドの思想（第8章）が求められるのかもしれない．しかし数学は，17世紀半ばから19世紀半ばまでの200年の歳月をかけてそこで実数概念に到達した．実数概念は，無限概念によって支えられた，極限という動的なはたらきを数学の中に取りこむことによって得られた究極の数概念であり，そこでは数と量の世界が完全に融合し，哲学は消えた．これによって数学という総合的な学問の基礎が確立したのである．

2. 面積を求める

面積，体積などという値を見出す筋道を，数の図形への直接のはたらきかけから求めていくということを，最初にはっきりと認識したのは，古代ギリシアの天才アルキメデス（紀元前 287-212）であった．アルキメデスの父は天文学者であり，アルキメデスは父から天文観測を学ぶとともに，さまざまな機械の製作を試みていた．若いとき『機械学』という本を書いたといわれているが，それは現存していない．アルキメデスは10冊以上の著作を残したが，その中で図形を通して数と量との関係を明らかにしたものには次のようなものがある．

『球と円柱について』第Ⅰ巻，第Ⅱ巻

『円の測定』

『円錐状体と球状体について』
『平面の釣合いについて』第Ⅰ巻，第Ⅱ巻
『放物線の求積』

　アルキメデスは機械学的な釣合いの考えに導かれて，図形の要素をそれと釣合うもっともかんたんな図形の重さ（分銅）に分解して測るという方法を考えた．しかしアルキメデスの時代には無限概念の導入はまだなされていなかったので，上の『放物線の求積』の中では，その方法を幾何学的に'取りつくし法'というものに還元して，放物線の面積を求めている．ここには2000年以上も前に，すでに区分求積法に近いものが見出されていたということが示されている．以下でここでのアルキメデスの考えをかんたんに述べてみよう．

　図で，放物線と，放物線の弦 AB のつくる弓形の図形の面積を S とする．また M を弦 AB の中点，M を通って放物線の軸に平行な直線を引き，放物線との交点を O とする．そして三角形 OAB の面積を T とする．このときアルキメデスの得た結果は

$$S = \frac{4}{3}T$$

であった．以下この証明を述べる．

　放物線の性質として，点 O における放物線の接線は，弦 AB に平行となる．また MO の延長上に MO=ON となる

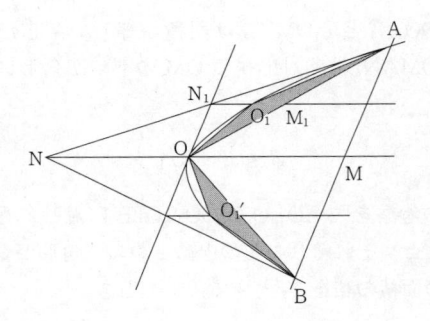

ように点 N をとると，A,B における放物線の接線は N を通る．このとき三角形 NAB の面積は $2T$ となっている．

同様の考察を，こんどは弦 AO，弦 BO に行なう．このとき $O_1M_1 = \frac{1}{4}OM$ となるから

$$\triangle OAO_1 = \frac{1}{4}OAM.$$

したがって図の網かけ部分の 2 つの三角形の面積の和を T_1 とすると

$$T_1 = \frac{1}{4}T$$

明らかに

$$T + T_1 = T + \frac{1}{4}T < S.$$

一方，$\triangle O_1AN_1$ と $\triangle O_1M_1A$ とは面積が等しい．同じよ

うに $\triangle OO_1N_1$ と $\triangle OM_1O_1$ は面積が等しい．したがって四角形 $OMAN_1$ と，対応する OM の下の四角形に注目すると

$$S < T + 2T_1.$$

同様の考察を弦 $AO_1, O_1O, OO_1', O_1'B$ に対して行なう．そうすると，それぞれの弦の上に1つの三角形がつくられる．この面積の和を T_2 とする．このとき

$$T_2 = \frac{1}{4}T_1 = \frac{1}{4^2}T, \quad T+T_1+T_2 < S < T+T_1+2T_2$$

が成り立つ．

こうして面積 S を'取りつくしていく'操作を n 回続けると

$$T+T_1+\cdots+T_{n-1}+T_n < S < T+T_1+\cdots+T_{n-1}+2T_n$$

$$T\left(1+\frac{1}{4}+\cdots+\frac{1}{4^n}\right) < S < T\left(1+\frac{1}{4}+\cdots+\frac{1}{4^n}+\frac{1}{4^n}\right)$$

これから等比級数の和の公式を使うと

$$-\frac{1}{3}\cdot\frac{T}{4^n} < S - \frac{4}{3}T < \frac{2}{3}\cdot\frac{T}{4^n}$$

となる．n はどんなに大きくとってもよいのだから，S は $\frac{4}{3}T$ 以外の数ではあり得ない．

私たちはいまでは座標平面上に，関数のグラフとしてい

ろいろな曲線を描いている.この曲線とx軸とがつくるグラフの面積は,ふつうは積分によって求めることができるから,微分積分を学んだ人にとっては,曲線とか面積ということは,ごく当り前の概念を指しているようにみえる.

しかし,関数概念と,グラフ表示がなかった時代には,数学の対象となる図形は,幾何学における図形,すなわち線分,多角形,円,正多面体以外にはほとんどなかったことを想起しておく必要がある.もちろんそのほかにアポロニウスの『円錐曲線論』の中で調べられた曲線はあったが,この書は難解で,その後の数学でほとんど取り上げられることはなかった.したがって一般の図形に対して面積,体積が,概念として十分育てられていくような土壌は長い間見出せなかったのである.上のアルキメデスの放物線の面積にしても,面積という概念が十分捉えられているわけではなく,面積というものがあれば,それはこの値になるという結論になっている.

一般の図形の面積を求めるには,どうしても細分していくことが必要で,そこから結論を導き出すには最終的には無限概念が必要となる.したがってさまざまな図形に対して,まず面積や体積を概念化し,さらにそれを個々の場合に測るような方法は,微分積分登場以前にはほとんどなかったといってよい.'面積を測る'ということは,無限に細かく分割していったものを,'とりつくしていく'ことで測

りきることなのである．

　図形とその面積を，作図による幾何学的視点から解放し，それらはともに無限に小さく分割されたものの総合として組み立てられているものであるという視点を最初にはっきりと据えたのは，たぶんケプラー（1571-1630）であったと思われる．それは惑星軌道の面積速度は一定であるという法則の発見にかけた努力から生まれた．

　ケプラーのこの仕事は，デンマークの天文学者ティコ・ブラーエ（1546-1601）との出会いからはじまった．ブラーエは，'天の城' とよばれた豪壮な天文台で，望遠鏡発明以前の精緻な観測記録を 900 頁にわたって記録していた．それは肉眼の分解能 1 分角の精度に達するものであった．ケプラーはブラーエのこの観測記録に基づいて，20 年以上の歳月をかけた計算を行なって，惑星軌道に関する法則を発見した．それは数学的な眼で見れば，惑星軌道の描く曲線の性質を，ほとんど無限小に近いところまで追い求めていくことによって，軌道の面積と形の性質を探る努力であった．ケプラーの前におかれたのはもはや幾何学的な紙の上にかかれた図形ではなかった．天体に描かれる図形の性質とその時間による面積の変化を，精密な記録に基づいて調べていくことが求められたのである．このことは，数学の立場に立ってみれば，図形の形や面積が，無限小に向けての細分によって捉えられる抽象的な対象となってきたことを意味していた．

2. 面積を求める

ケプラーとその仕事について，私が以前かいた文章*)をここで引用しておこう．

　ヨハネス・ケプラー (1571-1630) はドイツに生まれたが，一生病弱で視力が弱かった．ケプラーは強い信仰をもったプロテスタントであったが，そのためヨーロッパ大陸における新教と旧教との激しい対立と争いの中にあって，いくたびか信仰上の理由によって追放にあい，安穏に暮らせる地も見出せず，経済的にも恵まれない一生を過ごした．

　ティコ・ブラーエがデンマークから追放され，1599年にプラハに移り，そこの新しい天文台で観測をはじめると，これも追放の身であったケプラーがここに招かれ，ブラーエの助手として働くことになった．

　ブラーエは，デンマークからもってきた10年以上にもわたる観測から得た厖大な観測データをケプラーに渡して，火星の軌道を確かめる仕事をケプラーに与えた．ケプラーは，まず火星の軌道が一定の角をなして太陽と交差していることがわかったが，研究を進めていくうちに，軌道の速度が明らかに一定ではないという難題に直面した．一方，ブラーエは等速運動は確実なことであると信じていた．ケプラーは試行錯誤を70回もくり返し，

---

　*) 志賀『数学の流れ30講・中』(朝倉書店, 2007).

900頁にもわたってぎっしりとかきこまれた計算から，角度にして僅か2分の誤差で，ブラーエの記録と一致する火星の正しい位置を示す数値をわり出した．ケプラーは等速運動の考えは破棄したが，それでも火星の軌道を円軌道と仮定して観測するといつも8分の円周弧の誤差を生じた．そしてついに1599年に面積速度は一定であるというケプラーの第2法則を見出した．そして火星の軌道は円軌道ではなく長円形ではないかと考えはじめ，ほとんど5年の歳月にわたる試行錯誤と幾何学的な考察を重ね，ついに1605年に火星の軌道が楕円を描くことを発見した．これは1609年の『新天文学』の中にケプラーの第1法則とよばれる「火星は太陽を1つの焦点とする楕円軌道を描く」として述べられている．

なおケプラーの第3法則「惑星軌道の長半径（太陽，惑星間の平均距離）の3乗は，公転周期の2乗に比例する」は，惑星軌道の全資料を見て確かめなければならないもので，この発見にはさらに10年を要した．

ケプラーのこの生涯をかけての厖大な計算は，軌道の幾何学的な形や面積を，観測資料から近似して求めていくものであり，ここには連続量を離散量によって近似していくという考えが明確に現われている．

ケプラーは，有限の世界から近似していくことにより，究極的には調和ある幾何学的な像が得られているという，当時としてはなお神秘的とも思われる考えをもっ

ていたのかもしれない．ケプラーは，実際神秘主義者で，また当時広く世間に名を知られていた占星術の学者であった．ケプラーは宇宙全体は神秘的で，数学的な調和に満ちているということについて，信仰に近いほどの信念をもっていた．その信念が彼の厖大な近似計算を支え，ゴールを見出させたに違いない．

ケプラーはまた，半径が r の円の面積は，図 (a) のような三角形で円を分割したときの，三角形の面積の総和の極限として $\frac{1}{2}rc$ (c は円周の長さ) で与えられることを示した．また長径が a，短径が b の楕円の面積は，半径 a の面積とくらべると，面積を近似する長方形の高さが $\frac{b}{a}$ だけ縮小されているので，これも極限まで移って，円の面積の $\frac{b}{a}$ となることを示した（図 (b)）．

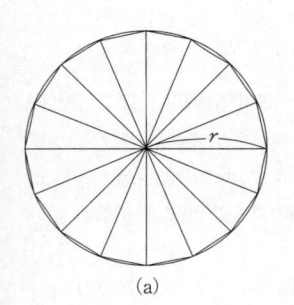

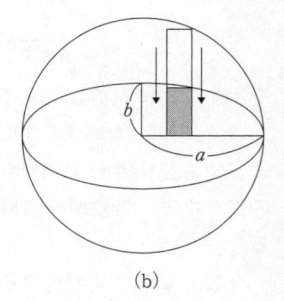

(a)

(b)

この時代，数学は古典的な幾何学からやっと解放されて，図形を広い世界における対象として，無限小と無限大を通して自由な眼で見るようになってきていたのである．ガリレイは『新科学対話』の中で，このような考えを述べているが，ガリレイの弟子であったカヴァリエリ（1598-1647）はガリレイの考えに触発されて，1635年に『不可分者による連続体の幾何学』という本を著わした．この書は，近世数学の成立に大きな影響を与えたのである．

カヴァリエリは，「カヴァリエリの原理」とよばれるものによって面積や体積を求めることを試みた．平面図形の面積についていうと，この原理は「2つの平面図形が同じ高さをもち，基線と平行な線による切断線の長さが，同じ高さのところでつねに同じ比をもつならば，2つの図形の面積の比は，切断線の長さの比に等しい」と述べられる．この原理に立った考察を深めていくことにより，1647年になって，現在の記号でかけば

$$\frac{1}{n+1}b^{n+1} = \int_0^b t^n dt$$

を示すことに成功したのである．この結果は，ほとんど同じ頃，フェルマ，パスカル，ロベルヴァル，トリチェリによっても見出されていた．フェルマはこの結果を，$y=x^n$ のグラフを，階段型の図形で近似することにより求めている．

なお，カヴァリエリの考えに関連して，やはりガリレイ

の弟子であったトリチェリ (1608-47) は，面積自体を「線分が通過していくときの値と見ることには無理がある」と指摘した．それは下の図を見るとわかる．長方形 ABCD の対角線上を，動点 E が B から D に達するまで，EF は EG よりつねに長い．しかし対角線をはさんでいる 2 つの三角形 ABD と CBD の面積はもちろん等しい．

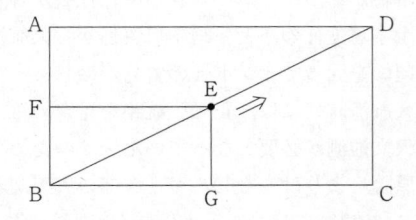

トリチェリは，線分に無限に小さな幅をつけて考えなくてはいけないだろうと指摘した．積分概念が誕生する時は熟してきたのである．

ガリレイ，ケプラー，フェルマ，トリチェリなどの人たちの仕事を見ると，17 世紀初頭にはさまざまな局面で数学は古い殻を破って新しい方向へと進みはじめたことがわかる．その背景には大きな時代の波があった．数学は，ある意味では，時代の流れの根底にあるものを象徴するような学問なのかもしれない．

3. 過 渡 期

　今から 2000 年以上前に溯るギリシア数学，また 1000 年前に溯るアラビアの代数から，17 世紀になって突然現われたヨーロッパ数学——微分積分——の間には，数学の長い過渡的な時代があった．ヨーロッパ中世社会が目覚めてきたのは，十字軍遠征のあと，地中海貿易から大航海時代に入り，喜望峰を回ってインドとの貿易がはじまってからであった．大航海時代には，正しい航路を見定めるため，航海の間，天文観測が必要となっていた．そのためユークリッドの『原論』よりは，むしろギリシアの大天文学者プトレマイオス（100?-170?）の著わした『地理学大系』全 5 巻と『アルマゲスト』全 13 巻が 14 世紀頃まで大きな影響を与えていた．

　『アルマゲスト』の'まえおき'の中に次のような文章がある[*]．

　　数学こそはそれを使用する人々に対し，確固として疑いのない知識を与え，その証明は計算と測定との確実な方式によって行われる．それ故に数学を我々の思索と努力との対象としようと決心し，天体運動に関する学問を

---

[*] 藪内清訳『アルマゲスト』（恒星社厚生閣，1993）

択ぶことにした．蓋しこの学問の対象こそは永久不変のものであり，すべての変化から免れさせる明白，確実，そしてさらに秩序とをもっている．これがこの学問の性格である．

プトレマイオスは，半径を 60 とする円を用いて '弦 (chord) の表' を作成している．そしてこの表には，$\frac{1}{2}^\circ$ きざみで 180° までの弦の値 crd(α) が記されている．crd(α) と sin α との関係は

$$\mathrm{crd}(\alpha) = 120 \sin\left(\frac{\alpha}{2}\right)$$

であるが，この関係でプトレマイオスの表と現在の sin の表をくらべてみると，有効数字 4 桁から 5 桁まで大体一致している．

ヨーロッパが中世という長い時代を脱し，コペルニクスからはじまる科学革命の先駆となったのは，レギオモンタヌス (1436-76) の『あらゆる種類の三角形について』であった．ここではプトレマイオスの chord ではなく，半弦の値——sin——が使われていた．ここでの正弦表では半径 60,000，また別の表では 10,000,000＝10^7 の円を用い，その半弦の長さが記されており，それらは 1 分きざみとなっていた．これとは別に『方向表』という本も著わしているが，ここには正接 (tan) の表が載せられており，tan 89° の値は 5729796（正確な値は小数を使うと 57.28996 である），90°

に対しては「無限」とだけ書かれている．

このときはまだ小数という概念は生まれていなかった．1つ1つの数は，数えられるものであり，測られるものであった．そして小さいものを測るときには，私たちがいまもしているように，たとえば6m 13 cm 2 mmのように単位をとりかえて測ることが現実的であった．

実際この時代，天文学では，『方向表』に載せられている三角比で示されるような大きな数を取り扱うことは当り前のようになっていた．観測の精度が上がるたびに，ここに現われる数はどんどん大きな値になっていった．半弦の値を与える円は，コンパスでかかれた円から飛び立って，宇宙をめぐるような大きな円へと姿を変えていくようであった．そしてそこに次々と現われてくる巨大な数の計算に，天文学者たちは日夜没頭していたのである．ここに現われてくる数は，もはや日常の数と量の世界ではたらいている数ではなかった．

星の軌道や運動がしだいに精密に調べられていくのにつれ，それを示した観測値の解析が，異様にまで大きな数がつくる深い霧の中へと包みこまれていくということは，何か別の方向を目指す新しい数の誕生を促しているのではなかろうか．しかしこの観測値から小数概念が直接生まれることはなかった．

小数という概念が生まれてくるためには，どこまでも小さくなる数を0から9までの数を用いて表現することと，

その表現によって既存の数と四則演算を通して融合し，新しい数体系が得られることが望まれる．しかし限りないほど小さな数など，どこで現われ，どのようなところで求められるのか．そこでの四則演算は，量の世界で適用されるのとはまったく別の目的で使われることになるだろう．小数概念の成立には，まずそのような数概念を必要とする未開の新しい方向が，数学の中から示されてくる必要がある．それは何か．それは数える世界にも，測られる世界にも向けられるものではないことは明らかであった．

そのような数はどんな動機から生まれてくるのか．そこに対数誕生のドラマがあり，その背景には時代の大きな流れがあった．

対数については次章で述べることにする．小数の導入は，やがて数直線や実数の構成にも本質的な役割りを果たすことになるのだが，小数は最初，自然数や分数と同じようにごく日常的な生活の中から生まれてきた．

数学史の本を見ると，1より小さい数を含む小数を，数体系の中に最初に取り入れたのは，1585年にベルギー生まれのシモン・ステヴィン（1548-1620）が著わした『十分の一法』であったという．このときステヴィンの眼は，天文や科学技術の方ではなくて，当時の経済活動に向けられていた．経済活動が活発になってきて，複利計算などが複雑になってくると，そこに現われてくる端数を表わす仕方が求められてきたのである．ステヴィンの小数表記は，現在

ならば3.141とかくところを

$$3141 \atop 0123$$　　または　　3⓪1①4②1③

と表わすものであり，汎用性に欠けていた．ステヴィンの小数は，いわば算盤の珠の位置を示すようなものであり，数学にも，また当時の社会でも使われるということはなかった．当時ヨーロッパではバビロニアの考えを踏襲して35°16′23″5‴のように小数点以下は60進法で表わしていたが，これが当時の天文学者たちの計算を複雑なものにしていたのである．

　ステヴィンは，もう1冊『算術』という本も著わした．数学の過渡期にあって，理念的にはこちらの方が数学史の上では重要な意味があるように思われる．この本の最初には

1. 算術（Arithmetic）は数の科学である．
2. 数はそれぞれの量を説明するものである．

とかかれており，数はどんな量も表わすものであることを明らかにした．ステヴィンはこの本の最初の頁に，大文字で

L'UNITÉ EST NOMBRE
（単位は数である）

と記していた．15世紀までヨーロッパでは，数は単位からなると考えられており，単位は数ではなく，数は単位を用

いて測られるものであるとされていた．印刷された算術書としては最古のものである『トレヴィーゾ算術』には「数はいくつかの単位よりなる多，ないし単位を寄せ集めたもので，それは最初のそして最小の数である2の場合のように，少なくとも2つからなる」と書かれている．1を数の中に含めたのは，ヨーロッパではステヴィンが最初であった．

　ステヴィンの基本的な哲学は，次のように述べられている．「部分は全体として同じものであり，そして単位（unity）は，単位たちの集まり（すなわち数）の一部分にすぎない．特に単位はいくらでも部分に分割できる」．ものの集まりの基礎としての単位のもつ，ユークリッドが示したような基本的な役割りは，この書の中では意味のないものになっていた．彼はこの特別なアイディアをまた「数は不連続な量ではない」といい，「どんな量，それは単位でもよいのだが，連続的に分けられる」と述べた．ある意味ではこれは，無限小に向かってどこまでも進む小数概念の基礎理念を与えたと見做すこともできる．

　現在の成熟した観点に立てば，離散的なユークリッドの'数たち'は，連続した数直線の中に埋めこまれてしまったから，ステヴィンがここで示した基本的な貢献を十分に理解することは難かしくなっている．しかしユークリッドは，それまで数学の中心におかれていた．ユークリッドは時代を超えて，いつも前に立ちふさがっていたのである．

ユークリッドが示した概念を変えようとするためには，数にはっきりとした方向性を与えて，連続したものへ向けての議論をしていくことが必要になるだろう．実際，ユークリッドを読んだイスラムや中世の多くの数学者たちは，ユークリッドの考えの見直しをはじめていた．特に代数学者たちは，すべての量を同じように取扱おうとしていた．しかし多くの哲学者たちは，ユークリッドの仕事に向けて，このようにあからさまに乗りこんでいく数学者たちの態度に困惑していた．

当時数学者たちは，数に対してはもはやどんな区別も必要ないという確信をもつに至っていた．それはステヴィンだけではなかったのである．しかし離散量を連続量の中に埋めこむという仕事が最終的に完全に完成したのは，数直線の理念が完成した19世紀になってからであった．

ステヴィンは，16世紀の数学的思考の分水嶺に立っていたが，彼の思想はその後の数学の本流へと取り入れられず，いまとなっては，ステヴィンの考えを十分に読み解くことはかえって難かしくなったのかもしれない．

しかしいずれにせよ，四則演算がはたらく数の中に，ごく自然な形で小数がとりこまれ，'ふつうの数'と同じように取扱われることになって，はじめてステヴィンの予見は数学の中で実現されることになったといってよいのだろう．しかしそこにはまず小数をいかに自然な形で表記するかという現実的な問題もある．現在私たちが使っている

56.3208のような小数表記は，まったく予想もしなかったところから生まれてきた．それはかけ算を足し算にかえるという，対数の発見とその表記法から生まれてきたのである．これは次章の主題となる．

　数は，このときからステヴィンが考えていたよりも，はるかに深い抽象の世界ではたらくことになっていった．

第6章 対数と小数

1. 対数の誕生

対数は，スコットランドの'偉大な人'ジョン・ネピア (1550-1617) によって創出されたが，その内容は次の2つのラテン語の著作によって発表された．

Mirifici Logarithmorum Canonis Descriptio, 1614.
(英語訳：Description of the Wonderful Canon of Logarithms)[*]

Mirifici Logarithmorum Canonis Constructio, 1619.
(英語訳：Construction of the Wonderful Canon of Logarithms)

以下では，この2冊の本は，《Description》と《Construction》として引用することにする．

このネピア畢生の2冊の本の中に，はじめて数直線，動点，さらに小数の概念が導入されている．17世紀初頭には，まだ関数もグラフという概念もなく，座標平面上の図

---

[*] 'canon' とは，規範, 規律とか, 一般的原則というような意味である.

形の解析は，幾何学的な視点から調べられていた．

ネピアの対数は，ネピアの深いヒューマニティと，どこまでも見通すような徹底した思索と，対数表作成にかけた膨大な計算から生まれてきた．

対数はよく知られているように，2つの正の数のかけ算を足し算にかえる変換則を与えている：$\log(ab) = \log a + \log b$．足し算とかけ算とは本来，まったく異質なものである．たとえば5を100個足しても，500にすぎないが，5を100回かけると5^{100}となり，約70桁近い数となる．$\frac{1}{10}$はくり返して足すたびに値は大きくなるがそれでも，1000回足して100にすぎない．しかし1000回かけると，かけるたびに値は小さくなり，小数点以下1万桁のところではじめて1が現われる微小な数となる．数をくり返してかける演算——数の巾乗——は，私たちの眼を無限大，または無限小へと向かわせる．

古来から天文学者たちは，観察から得られる大きな数の計算と，その解析にかかわっていた．15世紀になるとそこで用いられる三角関数の表は10桁や12桁のものも珍しくなくなっていた．この頃の天文学者たちは観測値から天体の現象を解明するために，これらの表を使って，観測値の示す大きな数のかけ算の簡略化をはかっている．そこには次のような方法もあった．たとえば2つの数 α, β が与えられたとき，まず正弦の表（当時は10桁を越すような数で

表わされていた）をみて $\alpha=\sin A$, $\beta=\sin B$ となる A, B を求め，

$$2\sin A \sin B = \cos(A-B) - \cos(A+B)$$

という三角法の公式を使うものである．次に余弦の表を用いて $\gamma=\cos(A-B)$ と $\delta=\cos(A+B)$ を求めると

$$\alpha\beta = \frac{1}{2}(\gamma-\delta)$$

となって，かけ算は引き算へと還元される．

ネピアは，この天文学者たちの日夜を惜しまぬ計算への労力を，できるだけ軽減することを望み，三角関数を経由しないで，数の中で，乗法の演算を加法の演算へと変える驚くべき変換則——対数——を見出すことに成功した．そしてスコットランドのマーチェストン城にこもって，この数表の作成に，孤独な思索と厖大な計算を 20 年以上にわたって行なった．この結果と，そこで得られたさまざまな考察，さらに有効数字 7 桁の対数表は，冒頭に述べた《Description》と《Construction》という 2 冊の書物にまとめられ，前者は 1614 年に，後者はネピアの死後 2 年たった 1619 年に刊行されたのである．

この 2 冊の著書には，それまでの数学の伝統に捉われない新しい数学に向けての光が溢れているようにみえる．ここには数直線や変数，さらに関数という概念をはっきりと示唆するような考えや，数学の概念としての小数の考え，

またその表記法についてもはじめて導入されている.

実数概念は,数直線や関数概念と結びついて徐々に展開してきたものであるが,ネピアの《Description》の内容には,すでにその道が指し示されている.ケプラーが第3法則を発表したのは1619年のことであり,デカルトの『方法序説』が公刊されたのは,《Description》が出版されてから20年後の1637年である.このことを想起すると,近世が出発するときにあたって,'数'の深い森へと分け入って,'対数'を通して見えたものがどんなものであったか——そこにはネピアの天才と,長い孤独な思索と,それを支える厖大な計算に日夜向かうネピアの姿があった[*].

2. ネピア対数

これからネピアによって,数直線や変数,また無理数,対数,小数などの概念がどのような形で誕生し,表現されたかについて,《Description》と《Construction》から抜粋して,それにいくらかのコメントをつけて述べてみることにする.

《Description》第1章

《Description》は次の文章からはじまる.

---

[*] ネピアと対数については志賀『数の大航海』(日本評論社,1999) 参照.

線分は等しい度合で増加する．**定義1** 同じものを表わす点が，同じ時間または瞬間に等しい長さだけ進んでいくとき．

	1	2	3	4	5	6	7	8	9	10	11	12
A	C	D	E	F	G	H	I	K	L	M	N	O
	b	b	b	b	b	b	b	b	b	b	b	b

(このあと，図を参照しながら同じ3回の瞬間で移ったCE)
(とHKの長さは等しいというような注意がなされている．)

私たちがいま読むと，読み過してしまいそうな定義だが，この定義がすでに対数は不純な議論によっているという批判をよび起こすこととなった．そのことを述べる前に，対数の定義に入る前の定義2から定義5までを載せておく．

定義2 線分がしだいに短かなものになるように比例しながら減少するというのは，等しい時間に同じものを表わす点が，そこから切り離されていく線分と同じ比をもつ線分を連続的に切り離していくとき．

	S	R					Q	
		b	b	b	b	b b b		
a		c		d		e	f g h		z
		1		2		3	4 5 6		

定義3 無理量，すなわち数によっては説明不可能なものが，非常に近い数によって定義される，あるいは表現されるというのは，それが，真の無理量の値からせいぜい1以下しか違わないような，非常に大きな数によって定義されるときである．

定義4 等しい時間の（2つの）運動とは，一緒に等しい時間で動くものである．

定義5 ある運動よりも，一層ゆっくりした運動も，また一層速い運動も与えられ得るということを知るときには，そのことからその運動に等しい速さをもつ運動も存在するということが結論できる（それをわれわれは速くも遅くもない運動という）．

定義1については，ネピアの時代には，当時の精密な天文観測の数値や，動きはじめてきた力学的世界像を受け入れて，それを表現する場がまだ数学には生まれていなかったことに注意する必要がある．数学はなお，幾何と代数の静的な枠組みの中にあった．ネピアが見ていたのは，その枠組みの外にあった，天体の星の運動を示す精密な観測値の厖大な集まりであった．これらの値をつなぐのは時間である．ネピアはそれを直線上の点の動きとして捉え，時間を長さとして表現したのである．

しかしこの定義1に対して，1620年代初頭に，強い批判が特に北ドイツで起きた．そこにはまずこの書が，ユーク

リッド的な定義,公理,命題という形式に沿って表わされていないという点で,学問としては認め難いという考えがあった.さらに深刻な論点は,アリストテレスによれば運動は大きさのある物体がその慣性にしたがって動くものである.それにしたがえばネピアが定義に用いたような,点が動いて直線を形成するなどという異端ともいうべき考えは容認することなどできなかったのである.大体大きさをもたない点が何によって動くのだろう.星の動きを毎晩観測している天文学者の感触からいっても,毎日取り扱っている大量の数の計算の簡易化の背後に,直線上の点の運動の概念がひそんでいるなどということは,到底納得し難いものであったろう.

定義2はさらに難かしい.数直線という概念はまだなく,時間の流れを表現するような数学的な場はまだなかった.線分が時間とともに減少していくとはどういうことか.

星の運動のように連続的なものを,観測値を使って近似的に追うような場合には,ここに誤差が生ずる.ネピアはこの誤差の問題に対しては,はっきりと意識を向け続けていたようである.定義3はこのことに関係している.実際この定義3に続いて次のような説明がある.

　　半径1000000の円の45°のsineは500000の平方根であるが,これは無理量であり,7071067と7071068の間

にある．したがってこのような大きな数に対しては，感知されるほどの誤差はなく，7071067 あるいは 7071068 は，この sine の値を表現している．

定義 4, 5 は，さまざまな星の運行に対して，観測値からその法則を見出すためには，運動を 1 つの概念として取り出してみることが必要となるだろうが，その視点を時間にとることにより，定義 1 との整合性を求めたものかもしれない．

ネピアがこの《Description》の中で導入した対数は，現在の視点に立てば，2 本の数直線上にある 2 つの動点の対応として与えられており，この定義そのものが関数概念の数学における最初の定式化とみてもよいものとなっている．実際それは次のように述べられている．

【ネピアによる対数関数の定義】

10^7 の長さをもつ線分 P_0O を考える．この線分上を初速度 10^7 で P_0 をスタートして O に向かう動点 P を考える．動点 P の進む速さは，PO の長さに等しいとする．したがって P は O に近づくにしたがって，しだいに減速していく．一方，別の直線上を L_0 からスタートして，一定速度 10^7 で動く動点 L を考える．

同じ時間が経過したとき動点 P の位置と動点 L の位置に注目し，それぞれ変数として

2. ネピア対数

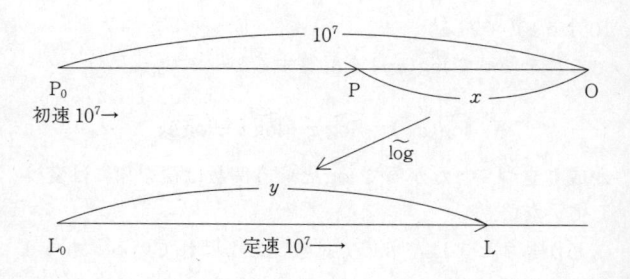

```
           ── 10⁷ ──
  P₀              P    x    O
  初速 10⁷→
                    ↘  log̃
           ── y ──
  L₀        定速 10⁷ ──→        L
```

$$x = \mathrm{PO}, \quad y = \mathrm{L_0 L}$$

とおき，(y を x の関数と考えたとき) y を x の**対数**という．

引用の便宜上，このように定義された関数を

$$y = \widetilde{\log} x$$

とおく．この関数は現在の立場では，x を時間 t の関数として $x = x(t)$ とおくと

$$x(0) = 10^7, \quad \frac{dx}{dt} = -x$$

となる．これから

$$y = 10^7 \log \frac{10^7}{x}$$

と表わされるものである．したがって，特に $\widetilde{\log} 1 =$

$10^7 \log 10^7$ である.

これを使って $\widetilde{\log}(xy)$ を計算すると

$$\widetilde{\log}(xy) = \widetilde{\log} x + \widetilde{\log} y - \widetilde{\log} 1$$

が成り立つ. したがって $\widetilde{\log}$ という関数は積を和には変換していない.

しかしネピアは'ネピア対数'とよばれている, もう1つ別の定義をもっていた. 対数表作成に使ったのはこちらの定義であった.

【ネピア対数の定義】

$$x = 10^7(1-10^{-7})^y$$

とおいたとき,

$$y = \mathrm{N}\log x$$

とおいて, $\mathrm{N}\log x$ をネピア対数という.

このネピア対数は, x と y の小数点の位置を7だけ動かし $\tilde{x}=10^{-7}x$, $\tilde{y}=10^{-7}y$ とすると

$$\tilde{x} = \left(1-\frac{1}{10^7}\right)^{10^7 \times \tilde{y}}$$

となる. ここで

$$\frac{1}{e} = \lim_{n\to\infty}\left(1-\frac{1}{n}\right)^n \quad (e \text{ は自然対数の底})$$

に注意すると,近似的には

$$\tilde{x} = \left(\frac{1}{e}\right)^{\tilde{y}}, \quad \tilde{y} = -\log \tilde{x}$$

と表わされ,$\tilde{y}$ は $\tilde{x}$ の(符号を変えた)自然対数の近似値となっている.

3. 対数表の作成と小数

ネピアは対数の構想を得てから,対数表の作成に約 20 年の歳月をかけたが,たとえばそこには

$$\text{N} \log 9995000 = 5001.25015639$$

などという値が現われている.ここに小数誕生があり,その後の対数表の社会への急速な普及とともに,小数は広く用いられるようになった.《Construction》には,対数表の提示にあたって,自然数と小数のことが次のように記されている(以下はその抜粋である).

3. これらの数列(算術数列と幾何数列)において,私たちはこれからの(対数表作成の)計算の正確さと簡易さを要求する.正確さは大きな数を基としてとることにより達成される;大きな数は小さな数にゼロをつけ加え

ることで容易に得られる.

したがって,大きな sine としてはあまり用いられない 100000 のかわりに,よりよく調べられている 10000000 をとることにすると,このときにはどの sine の違いも一層よく表わすことができる.そのため私たちもまた同じ値を半径としてとり,その値を,考える幾何数列の最大数としてとる.

4. 対数表を計算する際,これらの大きな数は,数とゼロのあとに,ピリオドをおいてさらに大きな数とすることもある.

したがって,計算を始めるにあたって,1000000 の代りに 1000000・00000 とおく.それはごく小さな誤差が,何度もかけられているうちに,非常に大きな誤差となることを防ぐためである.

5. このようにしてその中間でピリオドで分けられている数において,そのピリオドのあとに書かれているものが分数の場合には,その分母は多くの0をもつ1とする.そしてそれがちょうどピリオドのあとの数字を示しているようにする.

すなわち 10000000・04 は $10000000\frac{4}{100}$ と同じである.25・803 は $25\frac{803}{1000}$ と同じである.また 9999998・

0005021 は $9999998\dfrac{5021}{10000000}$ と同じである.

6. 対数表が計算されるとき,ピリオドのあとの分数は特に感知されるような誤差ではないので除いてもよいだろう.なぜなら私たちの取り扱っているような大きな数では,1 を越えない誤差は感知されず,ないものと考えてよいからである.

したがって完成された数表では,$9987643\dfrac{8213051}{10000000}$,同じことであるが 9987643・8213051 のかわりに,9987643 をとっても,そこに感知されるような誤差を生ずることはない.

ここに小数点を用いて表記される小数概念がはじめて誕生した.

10 を底とする常用対数は,当時グレシャム・カレッジの天文学の講師をし,のちにオックスフォード大学の幾何の教授となったヘンリー・ブリッグス(1561-1631)によって導入された.ブリッグスは《Description》を手にして,ネピアの仕事に感嘆し,以後ネピアに師事し,対数に傾倒するようになった.ネピアは,ブリッグスに '新しい対数' $10^{10}\log_{10} x$ を提示した.ここに常用対数 $\log_{10} x$ に 10^{10} が付せられているのは,有効数字 10 桁の対数の値を考えていたからである.ブリッグスは 1617 年に『対数のはじめの 1000 数』を刊行し,そこに何の説明もなく,1 から 1000

までの常用対数を小数点以下 14 桁まで求め，それを次のような表としている．

		Logarithmi.			Logarithmi.
1	0	0000,00000,00000	34	1	5314,78917,04226
2	0	3010,29995,66398	35	1	5440,68044,35028
3	0	4771,21254,71966	36	1	5563,02500,76729
4	0	6020,59991,32796	37	1	5682,01724,06700
5	0	6989,70004,33602	38	1	5797,83596,61681
6	0	7781,51250,38364	39	1	5910,64607,02650
7	0	8450,98040,01426	40	1	6020,59991,32796
8	0	9030,89986,99194	41	1	6127,83856,71974
9	0	9542,42509,43932	42	1	6232,49290,39790
10	1	0000,00000,00000	43	1	6334,68455,57959
⋮		⋮	⋮		⋮

このあと精密な対数表は次々と作られていった．たとえば 1628 年には，アドリアン・ブラック（Adrian Vlacq）によって 1 から 100000 までの小数点以下 10 桁の常用対数表がオランダで作られた．数は天文観測から社会の中へと下りて，17 世紀のヨーロッパのさまざまな場所で活躍するようになってきたのである．精密な常用対数表の作成は，19 世紀から 20 世紀初頭まで続けられた．

第7章　冪級数——代数と図形の中から

1. 驚くべき発見——対数とグラフの面積

　ユークリッド幾何は，図形を公理を通して捉えることによって，1つ1つの図形を見る視点を描かれた形の中に固定してしまい，幾何学をイデアの世界につなげることになった．もちろんアルキメデスのように，動力学的な考えを図形に導入し，図形の面積や立体の体積を求めるなどの試みもあったが，外の世界の変化の中で描かれていく軌跡として私たちの前に現われてくるさまざまな多様な図形には，目を向けることはなかった．

　前にも述べたように，外の世界の動きに注目していたのは，数学よりはるかに起源の古い天文学であった．古来，天文学者たちは，夜空に描かれる星の軌道を時間の関数と見，軌道に沿う星の動きから暦をつくっていた．ここには作図で描かれるような図形はなかった．精密な観測値の集まりが，'抽象化された軌跡'を描いていたのである．その'軌跡'からある法則をよみとるのは，幾何学ではなく，三角比を通してであった．

ケプラーが1609年の『新天文学』の中で示したことは，ケプラーの第1法則とよばれる「火星は太陽を1つの焦点とする楕円軌道を描く」は，この'抽象化された軌跡'が，幾何学の図形'楕円'として紙の上で再現されるということであった．この楕円を描くパラメータは時間である．それは絶対的な時間ではなく，観測値を結ぶ相対的な時間であった．しかしそこには数直線と，その上に描かれるグラフの誕生を告げるものがあった．図形を描くのは，定規とコンパスではなく，2つの数，時間と観測角との関係になったのである．

　ガリレイの落体の法則は，放物線に対しても時間と高さの関係という見方を与えた．歴史的にいえば，ケプラーの法則は1609年の『新天文学』で発表され，ガリレイの落体の法則は1638年の『新科学対話』の中で広く示された．ここで時間は変数という考えの中に取り入れられたのである．

　数学の流れから見て興味深いことは，円錐曲線のうちの2つ，楕円と放物線が，このように外の世界の現象からまったく新しい視点を得たということであった．しかし残されたもう1つの双曲線もまた，間接的ではあったが，やはり天文観測の中から，まったく予想もしなかったような新しい視点を数学に与えることになった．それは実は天文観測の膨大な数値の処理から生まれた対数が，双曲線のつくる面積と関係しているという驚くべき発見にはじまった．

1. 驚くべき発見——対数とグラフの面積

　この誰も予想していなかった発見は，ガリレイとほぼ同時代のベルギーのジェスイット派の司祭ヴィンセントによるものであった．ヴィンセントは古来から未解決であった難問「与えられた円と同じ面積をもつ正方形を作図すること」を解いたと考えた．続いて双曲線についても類似の問題を解決したと思い，1630年頃それらをまとめてローマの教団本部に提出し，さらにそれは1647年には大冊として刊行された．これはしかし歴史に残る偉大な失敗作となったが，その中に1つ，その後の数学が歩む方向を示す正しい道標がおかれていた．それは次のように述べられる．

　「直角双曲線の横座標が等比級数的に増加するならば，その座標によって截断された面積は等差級数的に増加する.」

　当時の数学者たちは，直ちにこの結果から，積を和に変えるという対数の原理が，双曲線という図形の面積の中で実現されている，とみたのである．

　ヴィンセントの考えは次のようなものであった．

　直角双曲線

$$y = \frac{1}{x}$$

を考え，x軸上に等比数列的に並ぶ点

　　　　A, B, C, D, …, P, Q, …

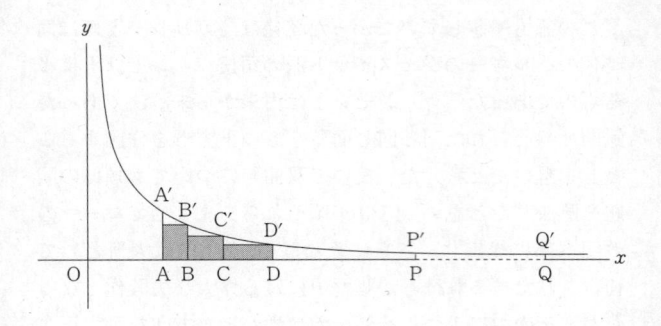

を考える．$OA = \rho k$ $(\rho, k > 0)$ とすると

$$OB = \rho k^2, \quad OC = \rho k^3, \quad OD = \rho k^4, \cdots, OP = \rho k^n, \cdots$$

である．上の図で長方形 $ABB'A'$ の面積は

$$AB \times BB' = (\rho k^2 - \rho k) \times \frac{1}{\rho k^2} = \frac{k-1}{k}$$

同様に長方形 $PQQ'P'$ の面積は

$$PQ \times QQ' = (\rho k^{n+1} - \rho k^n) \times \frac{1}{\rho k^{n+1}} = \frac{k-1}{k}$$

であり，したがって網をかけたそれぞれの長方形の面積は一定である．ここで基本となっているのは，長方形の横の倍率と縦の倍率が互いに逆数の関係になっているということである．

次に AB を n 等分し，その分点を $S_1, S_2, \cdots, S_n (=B)$ と

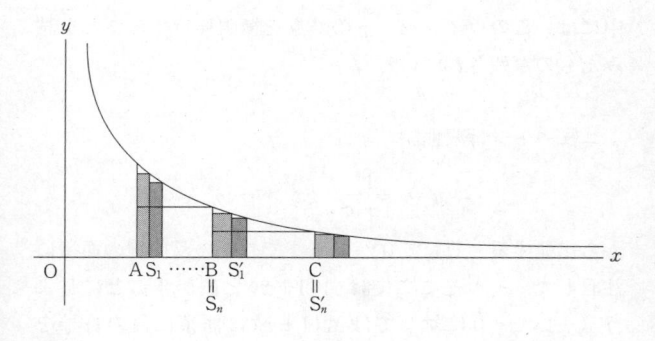

1. 驚くべき発見——対数とグラフの面積

し，これらの分点を BC, CD, …, PQ, … へ，k 倍, k^2 倍, …, k^n 倍, … の相似比で移しておく．そうするといまの同じ考えで，上の図で薄い網をかけたそれぞれの長方形の面積も，また濃い網をかけた長方形の面積もすべて等しいことがわかる．

ヴィンセントは，n を十分大きくとっておけば，したがって AB, BC, CD, …, PQ, … 上でつくる双曲線の面積はすべて等しく，このことは，A, B, C, …, P, Q, … が等比数列的に増加するとき，AB, AC, …, AP, AQ, … 上でつくる双曲線の面積は等差数列的に増加することを示していると結論したのである．特に n について極限移行をするということはなかった．

1667 年頃にかかれたと推定されるニュートンの草稿の

中には，このヴィンセントの結果を極限移行することを試みたものが残されている．

ニュートンは双曲線

$$y = \frac{1}{1+x} \quad (x > -1)$$

から出発する．そして 0 から x までのこの双曲線の面積に注目した．それをここでは $A(1+x)$ と表わすことにしよう（$-1<x<0$ に対しては $A(1+x)$ は面積に負の符号をつけたものになる）．

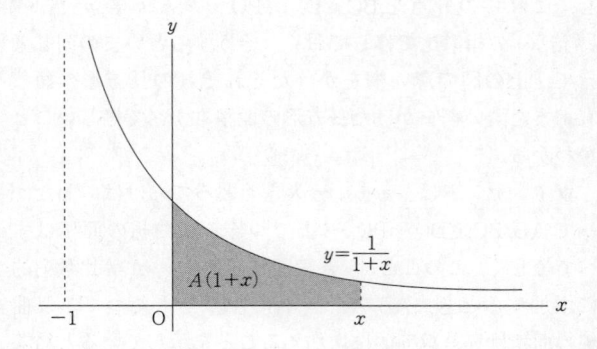

ニュートンは 1 を $1+x$ で割る割り算を次々と下のように行なっていき，

$$
\begin{array}{r}
1-x+x^2-x^3 \\
1+x\overline{\smash{\big)}\,1} \\
1+x \\
\hline
-x \\
-x-x^2 \\
\hline
x^2 \\
x^2+x^3 \\
\hline
-x^3 \\
\end{array}
$$

結局

$$y = \frac{1}{1+x} = 1-x+x^2-x^3+\cdots \tag{1}$$

を得た．実際この式が使えるのは $|x|<1$ のときであるが，ニュートンは経験からこのようなことは熟知していたようである．ニュートンは1665年から1666年までの間に微分積分の理論の大綱を創っており，また x^n のグラフの面積はすでにニュートン以前にフェルマやウォリスが知っていた．ニュートンは (1) を積分することにより

$$A(1+x) = x - \frac{x^2}{2} + \frac{x^3}{3} - \frac{x^4}{4} + \cdots \tag{2}$$

を得た．ニュートンはヴィンセントの結果を知っており，それを

$$A((1+x)(1+y)) = A(1+x) + A(1+y)$$
$$A\left(\frac{1+x}{1+y}\right) = A(1+x) - A(1+y)$$

が成り立つという形で表わした.

ニュートンは特に $A(1+x)$ を対数という言葉で述べなかったが, 私たちはもちろんいまは $A(1+x)$ が自然対数 $\log(1+x)$ を表わすことを知っている. 記号の混乱を避けるために,

$$A(1+x) = \log(1+x)$$

と使いなれている記号を使うことにする. そうすると (2) は

$$\log(1+x) = x - \frac{x^2}{2} + \frac{x^3}{3} - \frac{x^4}{4} + \cdots$$

となる.

対数は, ここで私たちがよく知っている式の形をとって——それは無限の項を含んでいたが——, はじめてはっきりと姿を現わしたのである.

ニュートンはこの時期 (1667-68) にこの結果を使って, $\log 2$ と $\log 10$ の値を小数点以下 57 桁まで計算している:

$\log 2 = 0.69314\ 71805\ 59945\ 30941\ 72321\ 21458$
$\qquad 17656\ 80755\ 00134\ 36025\ 52539\ 99$
$\log 10 = 2.30258\ 50929\ 94045\ 68401\ 79914\ 54684$
$\qquad 36420\ 76011\ 01488\ 62877\ 29756\ 09$

数学という学問の姿は, 17 世紀 100 年の間に, 大きく変

わろうとしていた．

　ネピアの対数は，天文学だけではなく，ヨーロッパ経済社会へ小数が大きく展開していくきっかけをつくった．小数は，算数や量の世界の奥にあった数のもつ抽象的なはたらきや，また精密な物理量を求める動きを加速させることになっていった．

　ニュートンはさらに，無限概念を通すことによって，対数は図形の面積として，また数式としても表わされることを示した．このことは，数学がその概念の誕生時から背負っていたさまざまな束縛を離れて，大きく飛躍する時を迎えたことを示す，象徴的な出来事であった．数も図形も，数学の多くの対象は無限を含んでいる．数学は，無限を学問の中心におくことによりさまざまな既成概念から放たれ，自由に活躍する場を得たのである．

2. 巾級数――数式から無限へ

　無限は有限の否定概念である．ギリシア数学には無限畏怖の思想があった．また中世ヨーロッパでは，無限は神に帰せられ，空間の有限性についてはギリシアの思想を受け継いでいた．一方，時間の有限性については，終末論的な立場に立って，むしろ積極的に受け入れていた．数学でも，もっとも基本的な数の中に，無限概念が本質的に導入されてくるのは実数という数体系が確立してからであり，

それは 19 世紀になってからのことである．円周率 π を 3.141592… と表わしたときには，この … のうしろには円という実在があったが，一般の無限小数を概念化するには，第 2 章で述べたようにまず連続性に関する公理が必要となった．

しかしここに代数のふしぎなはたらきがあった．たとえば私たちは，等比級数の公式

$$\frac{1}{1-x} = 1+x+x^2+\cdots+x^n+\cdots, \quad |x|<1$$

はよく知っている．この式は，左辺の分数式が整式

$$1+x,\ 1+x+x^2,\ \cdots,\ 1+x+x^2+\cdots+x^n,\ \cdots$$

でいくらでも近づけることを示している．

私たちはこの式で，右辺の最後の … に何の違和感も感じない．しかしこの x にたとえば小数 0.52 を代入して x^3 までの値を計算すると

$$1+0.52+0.52^2+0.52^3$$
$$= 1+0.52+0.2704+0.140608 = 1.931008$$

となる．しかしこの結果を見ても，この式の究極の値が

$$\frac{1}{1-0.52} = \frac{25}{12} = 2.0833\cdots$$

となることなど想像することもできない．ここには何か数の神秘さを感じさせるようなものさえある．数を文字にお

きかえて，演算の仕組みに注目する方法'代数'は，アラビアで発見されたものであったが，数が有限の世界から無限の世界へとはたらく道を文字と記号を通して切り拓いていくことになった．

一般に文字 x によって

$$a_0+a_1x+a_2x^2+\cdots+a_nx^n+\cdots$$

で表わされる無限の項をもつ式を**巾級数**という．もちろんここでは和の記号を無限に使っていることで，収束，発散の問題が起きる．しかし代数の中にある記号と演算との形式的な枠組みが，このような表示さえも許していることに注意する必要がある．見方によっては，これは代数が数学全体の中でもつ，もっとも大きなはたらきであったと考えることもできる．

実際，私たちは2つの巾級数

$$A = a_0+a_1x+a_2x^2+\cdots+a_nx^n+\cdots$$
$$B = b_0+b_1x+b_2x^2+\cdots+b_nx^n+\cdots$$

が与えられれば，まったく形式的に代数の規則を適用することで

$$A+B = (a_0+b_0)+(a_1+b_1)x+\cdots+(a_n+b_n)x^n+\cdots$$
$$AB = a_0b_0+(a_1b_0+a_0b_1)x+(a_2b_0+a_1b_1+a_0b_2)x^2+\cdots$$

という巾級数の演算ができる．ここで私たちは右端に示されている…が，無限の闇の中に入っていくことを，ほとんど意識することはない．ギリシア数学における無限畏怖を考えれば，これは数学の驚くべき変容を物語るものかもしれない．

微分積分へとつながる近世数学の発祥の地点で，数学はこの無限へ向けての代数のはたらきを，巾級数を通して積極的に取り入れていくことになった．このことを最初にはっきりと認識したのはニュートンであった．

ニュートンは，1671 年に著わし，生前には未刊行であった『級数と流率の方法』の中で次のように述べている．

　数と変数（variable）を計算する作用は非常に似通っている．私は，最近確立された主張，変数に対すると同じように小数に対しても適用されるということ，そして特にこの方法は一層驚くべき結果に扉を開くことになるだろうということに，誰もメルカトルが双曲線の面積を求めた以外には*)，気がつかなかったことにむしろ驚いている．この種の原理は，小数において成り立つ規則が，算術での規則と同じように代数に対しても成り立っている．加法，減法，乗法，除法，さらにルートをとる演算は，もしも読者が算数と代数のそれぞれに精通して

---

*) メルカトル（1620-87）は 1668 年に『対数術』という本を公刊し，その中で双曲線の面積を求めている．

いるならば，その対応を十分見届けることができる．そして小数と，代数における項との対応を，無限にまで認めることができる．そして小数を用いて得ることは，分数やルートを，ある程度それらを自然数と思って取扱うことと同じように，無限の変数列，一層複雑な項をもつクラス（すなわちその分母が非常に複雑である分数や，複雑な量のルートや，やっかいな方程式の解）が，もっと単純なもののクラスに還元される，すなわちそれぞれの分数で惹き起される手に負えないような障害もなく，単純な分母，分子をもつ分数の無限系列に還元される．

ニュートンはここに述べた方法を，1664 年から 1665 年に用いており，そこでは一般の二項定理や sin, cos の巾級数展開を見出していた．この内容は 1669 年に著した
  『無限個の項をもつ方程式による解析について』
の中でまとめられている（これは 1711 年になって刊行された）．

この中でニュートンは 1 を 1+x で実際割っていく演算を繰り返し

$$\frac{1}{1+x} = 1-x+x^2-x^3+x^4-\cdots$$

をまず示し，次に巾根 $\sqrt{}$ を求める代数的な計算法を繰り返していくことにより

$$\sqrt{1+x^2} = 1 + \frac{x^2}{2} - \frac{x^4}{8} + \frac{x^6}{16} - \frac{5x^8}{128} + \frac{7x^{10}}{256} - \cdots$$

を求め,さらに $\alpha = \dfrac{q}{p}$ に対して一般の二項定理

$$(a+x)^\alpha = a^\alpha + \frac{\alpha}{1}a^{\alpha-1}x + \frac{\alpha(\alpha-1)}{1\cdot 2}a^{\alpha-2}x^2 + \cdots$$

を求めた.

1660年代になると,積分記号はまだ用いられていなかったが

$$\int_0^x x^n dx = \frac{1}{n+1}x^{n+1} \quad (n=1,2,\cdots)$$

は,ウォリスなどによってよく知られるようになっていた.

ニュートンはこの二項定理とウォリスの結果を用いて,さらに $\sin x, \cos x$ (x はラジアン)の巾級数展開を見出すことに成功した.そのためまず $\sin x$ の逆関数 $\sin^{-1} x$ の巾級数展開を次のように求めた.

次頁の図で示した2つの関係から,ニュートンはまず

$$\sin^{-1} x = 2\int_0^x \sqrt{1-x^2}\,dx - x\sqrt{1-x^2} \quad (\ast)$$

が成り立つことを注意した.ニュートンは一般の二項定理から

$$\sqrt{1-x^2} = 1 - \frac{1}{2}x^2 - \frac{1}{8}x^4 - \frac{1}{16}x^6 - \cdots$$

を知っていた.したがってこれを用いて,($\ast$)の右辺の第1項を積分した上で,整理することにより

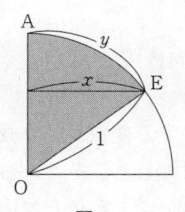

図 A

$\sin y = x$
したがって
$\sin^{-1} x = y$.
弧三角形 AOE の面積
$= \frac{1}{2}y = \frac{1}{2}\sin^{-1} x$.

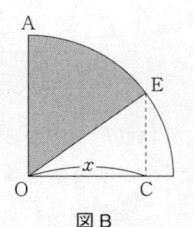

図 B

弧三角形 AOE の面積
$=$ OAECの面積$-$OCEの面積
$= \int_0^x \sqrt{1-x^2}\,dx - \frac{1}{2}x\sqrt{1-x^2}$

$$\sin^{-1} x = x + \frac{1}{6}x^3 + \frac{3}{40}x^5 + \frac{5}{112}x^7 + \cdots$$

を得た．ニュートンはこれを逆に解くことにより，すなわち $\sin x = A_0 + A_1 x + A_2 x^2 + \cdots$ とおいて

$$x = \sin^{-1}(\sin x) = \sin^{-1}(A_0 + A_1 x + A_2 x^2 + \cdots)$$

を解くことにより

$$\sin x = x - \frac{1}{6}x^3 + \frac{1}{120}x^5 - \cdots$$

を示した．同じようにして，$\cos x$ の巾級数展開も示した：

$$\cos x = 1 - \frac{1}{2}x^2 + \frac{1}{24}x^4 - \cdots.$$

3. 新しい時代へ向けて

このように図形の中から導かれてくる変数という概念だけではなく,さまざまな変化の相に注目し,そこから取り出されてくる変数のはたらきをさらに深く解析していく方向に数学が進むためには,深い思想が必要であった.数のはたらきは,1つ1つの図形の性質や,与えられた方程式の解の探索や,また経済活動や天文観測などから得られる大量の数の処理の中で示されるだけではなく,'万物'の存在と流転の相の中で見出される.私たちが森羅万象に立ち向かっていくとき,その源から私たちに示されてくるのは'数'であり,私たちはその'数'を通して,隠されているものの中にある真理を明らかにしようと努める.

中世から近世に向けての過渡期に起きた大航海時代や,社会の中で活発になってきた経済活動,またさまざまな力学現象への関心を通して,16世紀から17世紀にかけて新しいヨーロッパが誕生するときをむかえていたが,そこに見えてきたのは,そのようなさまざまなところで示される数のはたらきであった.数は,人々の因襲や,国々の政治形態を超越したところではたらき,そこに新しい文化の波を起こしていった.自然の中で起きるさまざまな力学現象も,数を通して,物理法則として示されるようになってきた.

3. 新しい時代へ向けて

　数学はそこでは，直接測ったり，比較するような場所から離れて，目を一方では無限大の方向へ向け，他方では無限小の方向へ向け，変化の原理を，数学として定式化し，それを解析する方向へと進んでいくようになった．しかし変化は多様であり，その奥にあるものを求めるためには，私たちの側には視点が必要になる．ギリシア数学にはイデアの哲学があったように，近世数学の誕生にあたっても哲学が求められてきたのである．

　まさにこのとき二人の天才，ニュートンとライプニッツが登場してきた．これは数学の歴史にとっては奇蹟のようなことであった．この天才たちにとっては，数学は彼らの思想の表現であった．二人が数学に対してとった立場はまったく異なるものであった．ニュートンは変化は時間の流れで起きると見，絶対時間という概念を，数直線で一様に動く変数として表現し，それによって速度，加速度という概念を，より包括的な微分という概念で捉えた．ここで提示されたニュートン力学は，絶対時空を数学的な場とすることによって，大きく展開することになった．

　一方，ライプニッツは，モナドの哲学に基づいて，変化の源は無限小の世界にあると見て，その抽象的な世界の要素というべきものを dx, dy のように記号として表象し，その記号のはたらきを積分を通して，図形として解析する道を進んだ．

　やがてこの二人の天才の思想は，微分積分という大きな

体系の中で融合され，いまも数学の本流に融けこんで流れ続けている．現代数学は無限次元の空間の中でも大きく展開しているが，そこにも底流としては，やはりいまでもニュートンの'流率'の思想と，ライプニッツのモナドの思想は，互いに交錯し，そこに新しい方向を見定めながら流れ続けているようにみえる．

　次章では，ニュートンとライプニッツについて，その思想と数学について，少し詳しく述べることにする．

第8章　微分積分の誕生
——ニュートンとライプニッツ

1. 二人の天才

微分積分は，同じ時代に生き，全く異なる思想をもった二人の天才，ニュートンとライプニッツによって創造された．微分積分の概念を探るには，まずその誕生にまで溯らなくてはならない．

この節では，ニュートンとライプニッツが生涯をかけて歩んだ道を，かんたんに述べておくことにしよう．

アイザック・ニュートン

ニュートンは1642年のクリスマスの真夜中，英国の片田舎の小さな村ウールソープに生まれた．父親はニュートンが生まれる3か月前に亡くなっている．母親はニュートンが3歳になったとき再婚し，ニュートンの養育を母方の祖母に任せた．ニュートンは田舎のグラマースクールで，僅かなラテン語とギリシア語，さらに当時から加えられた英語，近代史，算術という教科を学んだ．少年時代，機械じかけのおもちゃづくりを楽しんだり，またいろいろな形

や構造をもつ日時計をつくったりしていた.

1661年6月,ケンブリッジ大学のトリニティ・カレッジに入学した.当時の大学のカリキュラムはスコラ的でアリストテレスを重視していたが,ニュートンの興味はデカルト,ボイル,ホッブズなどの新しい哲学,科学に向けられていった.1664年から65年にかけて太陽,惑星,彗星の天体観測を行ない,ほとんど同じ時期に光学の研究を行なった.

ニュートンはこの時期,独学で数学への関心を急速に高めていったようである.これについては,ニュートンが晩年になってコンデュイットに渡したメモにしたがったド・モアブルの記述がある.

1663年の夏,ニュートンは(ケンブリッジの町のすぐ東の)スタワブリッジ(の国際商業都市)で好奇心から占星術の本を買った.天体の図形のところまでくると,三角法を知らなかったので理解できなかった.そこで三角法の本を買ったが,その証明を理解できなかった.三角法の基礎を理解するためにユークリッドを手に入れた.命題だけを読んでみたが,きわめてよく理解できたので,こういうものの証明をかいて楽しむ人がいるのが不思議だった.しかし,同じ底辺の上に立ち,同じ平行線にはさまれる平行四辺形(の面積)は等しいこと,また直角三角形の斜辺の平方は,他の二辺の平方の和に等

しいことを読んだとき,考えが変わりはじめた.

　前よりも注意してふたたびユークリッドを読みはじめ,読了した.オウトレッドの『数学の鍵』を読んだが,十分には理解できなかった.次に非常に難かしいといわれていたが,デカルトの『幾何学』を取り上げて10ページほど読んで止めて,再び読み,今度は前回よりももっと先へ進み,また止めた.初めにまた戻り,全巻をものにするまで読み続けた.終りにはユークリッド以上にデカルトの幾何学をよく理解するようになった.

　ニュートンはこのあとスホーテン,ヴィエト,ウォリス,デカルト,オウトレッド,ホイヘンス,ド・ウィットなどの数学書を独りで読み,その詳しい註釈をノートブックに書き記した.

　ウォリスの論文を読んだあと,ニュートンの数学的才能はほとばしり出た.

　1664年9月に法線決定の論文をかき,そして冬には一般の二項定理を見出した.

　1665年から66年にかけて英国でペストが広がり,1665年には大学は閉鎖され,ニュートンは僅か半年で故郷ウールソープに戻り,その後1年半ウールソープに滞在した.この間の1666年に,24歳のニュートンは驚くべき3つの大発見をした.それは

　流率法と逆流率法(微積分法)

光と色の新しい理念
万有引力の発見
であった．1664-66 年は'驚異の年'とよばれている．
　これについてニュートン自身が 76 歳のときにかいた手稿が残されている（これはニュートンが微分積分発見の先取権についてライプニッツに対してかいたものである）．

　…事情に精通した，信用できるこの二人の証人（バローとコリンズ）の証言は，私が求積法の書物の序で，流率法と無限級数の方法を 1665 年と 1666 年に徐々に発見したといったことを許してくれるだろう．1665 年のはじめ，私は近似級数の方法と，どの二項式のどれほど高位のものでも，このような級数にする法則を発見した．同じ年の 5 月に，私はグレゴリーとスリューズの接線法を発見し，11 月には流率法の直接的方法を，翌年の 1 月には色の理論を発見し，5 月には流率法の逆に入った．同じ年，私は月の軌道にまで及ぶ重力について考えはじめた．惑星の周期の 2 乗が軌道の中心からの距離の 3 乗に比例するというケプラーの法則から，あらゆる球内を回転する天体が，その球面を押す力の算定法を発見したので，諸惑星をその軌道に保つ力は，中心からの距離の 2 乗に逆比例することを推論した．これによって，月を軌道に保つに要する力と，地球の重力とを比較し，それがかなりよく一致することを発見した．これらはすべ

て，1665 年と 1666 年のペストの流行した 2 年間のことであった．この時期は年齢からいって私の発見の最盛期にあたり，それ以後のどの時期よりも数学と哲学に打ちこんだ．

この 2 年間で得られた結果は，1669 年に『無限個の項をもつ方程式による解析について』としてまとめられたが，これが印刷されたのは 40 年以上たった 1711 年のことである．

実際，ニュートンは 1670 年代のはじめ，彼自身の流率法の包括的な論述を書物にして出そうと考えていたが，当時ロンドン大火後で，出版関連の業界は凋落しており，結局断念してしまった．

ニュートンが生前刊行した唯一の著書『プリンキピア』，その正式の名前「自然哲学の数学的諸原理」は，1687 年に出版された．ニュートンは 1679 年頃の研究から，力学の方へ関心を向けていた．プリンキピアは 3 部にわたる大著であり，それを読み通すことは容易なことではない．第 1 部では，万有引力のもとではケプラーの惑星軌道に関する法則が成り立つことが示されており，第 2 部では媒質中にある物体の運動，第 3 部では重力理論に立って，地上の運動から天体の運動まで統一的に論ぜられている．ニュートンはここでは流率法は表立っては用いず，多くの図を使ってユークリッド的論理に立って述べており，そのため『プ

リンキピア』は非常に難解な書物となっている.

　ニュートンはこのあとしだいに政治の世界に入っていくことになり，1699年には造幣局長官となり，1703年からは王立協会の会長となって，ほとんど独裁者として権力をふるった.

　ニュートンはきわめて深い信仰の人であった．ニュートンの柩の中には，自然哲学に関する著作の下に，おびただしい量の歴史や神学に関する手稿が秘められていた．古代年代学関係でも20万語を越え，神学に関する草稿は百万語以上のものだったという.

ゴットフリート・ヴィルヘルム・ライプニッツ

　ライプニッツは，1646年7月1日ライプツィヒに生まれた．ヨーロッパ最大の宗教戦争30年戦争終結の2年前であった．父はライプツィヒ大学の教授であったが，ライプニッツが6歳のとき亡くなっている．ライプニッツは幼いときから非凡な才能をあらわしており，ギリシアやラテンの文献には少年時代から接していた．15歳のときライプツィヒの大学に入って，将来の方針にしたがって法律学を学んだ．古代哲学やスコラ哲学も勉強していたが，やがてコペルニクス，ケプラー，ガリレイ，デカルトなどの新科学を学ぶようになった．ライプニッツはこの頃のことを回想して次のように述べている.

17歳のときライプツィヒの近くのローゼンタールの森を一人で散歩しながら，スコラ学者たちのアリストテレス的実体形相と目的因の説を守るか，新しい哲学者たちの機械論をとるべきかの思いにふけり，最後に機械論が勝ちを制し，数学的科学を研究することになった．

　1667年，21歳のとき，ドクトルの学位を得た．教職の申し出を受けたが辞退した．そして「生まれ故郷に釘づけにされたように執着するのは青年にふさわしくないと思い，世間を学び知ることを欲し，旅に出た」．まずニュールンベルクへ行ってそこの錬金術協会に加わった．ここでライプニッツにとって生涯の転機が訪れた．それはマインツ選挙侯の元宰相であったフォン・ボイネブルクとの出会いであった．彼はライプニッツを旧主選挙侯に推挙し，ライプニッツは，神学，政治学に関与する職務につくことになった．

　当時，30年戦争のあと，ドイツは暗い時代を迎えており，一方フランスはルイ十四世のもとで，政治，文化の面で頂点に達していた．一方，ヨーロッパ全体の上に啓蒙主義へと向かう空気が広がってきていた．ヨーロッパ社会は多様さを増し，同時に社会秩序の混乱が生じ，既存の政治，宗教の権威の上にはかげりと動揺が見られるようになってきた．ライプニッツが，思想家としての自覚に立って広い世間に出ようとしたのは，このような時代に向かってであった．

ライプニッツは，ドイツの大きな政略にかかわることになった．それはフランス王にトルコに対する'聖戦'を起こすことを勧め，同時にエジプト遠征がフランスにとって利するところが大きいことを献策することであった．その目的はルイ十四世のドイツに向けての勢力拡大への関心をそらそうとするものであった．この案にはボイネブルクとライプニッツがかかわっていた．しかしこれに対して，ルイ十四世は関心を示すことはなかった．この計画はずっとあとになって，ナポレオン遠征で実現されたのである．

　ライプニッツはこの政治上のかかわりから，1672年から4年間パリに滞在することになった．このときライプニッツの数学の才能が突然開花したのである．1673年にホイヘンスの『振り子時計』が出版されたが，ライプニッツはこのときまだ十分その内容を理解できなかった．またデカルトの幾何学にも十分精通していなかった．

　1673年1月に英国へ旅行し，1か月ほどの滞在であったが，ニュートンを囲むサークルを通じて，物理学や数学の最新の知識にも触れることができた．パリに戻ってから，ホイヘンスと話し合う機会がもてるようになり，このときから数学の研究に没頭し，それに集中するようになった．そしてパスカルの『サイクロイドに関する書簡』とデカルトの『幾何学』から接線の問題を考え，そこからさらに考察を発展させて，微分積分を発見するに至ったのである．

　このあとハノーファー公の招きでハノーファーに向か

い，以後図書館長兼顧問官の職につくことになる．この時代ライプニッツは深く広い学識に支えられて，君主たちの理解のもとで多くの学問的な業績を挙げた．1700年にはベルリン科学アカデミーを設立した．哲学では代表的な著作として『形而上学叙説』(1686年)，『単子論』(1714年)がある．ライプニッツの学問は，その分野も，また学者との交流も，普遍的な広がりの中で深まっていたようである．ライプニッツの晩年はあまり恵まれず，1716年に世を去った．

ニュートンとライプニッツは，同じ時代に生まれ，ひとつの時代を画した天才であったが，二人の歩んだ道はほとんど交わることはなかった．微積分発見の先取権争いはあったとしても，その後の微分積分は，ニュートンの道，ライプニッツの道とに分かれて，それぞれ大きく進展していくことになった．二人の思想は，微分積分の中にそれぞれはっきりと生き続けていったのである．

ニュートンは，絶対時間と変化の視点に立ち，ライプニッツは，無限小とそのはたらきを記号の中に求めていくことにより，微分積分という概念と，その方法を提示した．私たちは「算数を学ぶ」というように「微分積分を学ぶ」という．しかし微分積分という概念が包括しているものの全体を見ることは非常に難かしい．このことはすでに微分積分が誕生した時点からはじまっていた．ニュートンの微

分積分は,『プリンキピア』の思想を負って,数学を広く深い外の世界——自然科学——へと向かわせたが,ライプニッツの微分積分は,ベルヌーイ兄弟によって直ちにさまざまな数学の問題へと適用され,それは数学の分野を広げながら,急速に広がっていくことになった.二つの方向に向けて近世ヨーロッパ数学の幕が切って落されたのである.

この観点に立って,以下2節と3節にわたって,ニュートンとライプニッツの数学の奥にあったそれぞれの思想に立ち入って述べてみることにしよう.

2. ニュートン——時間と変化

まずこの時代には,変数や関数などという概念はまったくなかったことを注意しておこう.

ニュートンは,数多くの実験や,観察,観測を通して,さまざまな現象を追求していったが,その現象の変化を認識させる場として,時間と空間があり,それを避けて通ることはできなくなったのではないかと思われる.

ニュートンは,第1節で述べたように,1670年代のはじめに未完成の原稿をかいている.この未完成の方の最初の一枚が失われているため,標題部分が欠けているものになっているが,ホワイトサイドは,この標題は『級数と流率の方法』ではなかったかと推測している[*].いずれにせよ,この原稿は残されたそのままの形で1736年(英語版),

1779年にラテン語の原文で出版された.

ここには,「空間の中の任意の位置運動によって描かれる空間に関して提案することが許されよう」と書かれた上で,次のI, IIが述べられている：

I. 空間の長さが,連続的に(すなわち,すべての時間の各瞬間において) 与えられるとき,指定された時刻における運動の速さを見出すこと.

II. 運動の速さが連続的に与えられたとき,指定された任意の時刻における運動の速さを見出すこと.

このあとニュートンは,位置運動に関する時間の基本的法則について述べている.

　我々は,均等な位置運動によって表され,測られるのでなければ,時間を評価することができず,そしてさらに同種の量のみが互いに比較され,またそれらの増加と減少の速さが互いに比較されるので,以下では形式的に考えられた時間については何ら考慮せず,同じ種類に属する与えられた量の中で,ある量が均等な流れでもって増加すると考えることにする.つまりこの量に,それが時間であるかのように他のすべての量が関係づけられるので,そこで類推によってそれに「時間」という名前を与えるのは適切であろう.

＊) 高橋秀裕『ニュートン――流率法の変容』(東京大学出版会, 2003).

しかしここで述べられているのはある意味では'相対的な時間'であった．この十数年後に書かれた『プリンキピア』の中では，時間は絶対時間へと変わっていく．

『プリンキピア』は定義からはじまるが，それに続いて時間について述べられている．その部分を少し長くなるが引用しよう[*]．

　Ⅰ．絶対的な，真の，数学的な時間は，それ自身で，そのものの本性から，外部のなにものとも関係なく，均一に流れ，別名を持続(ドウラチオ)ともいいます．相対的な，見かけ上の，日常的な時間は，持続の，運動による〔精密にしろ，不精密にしろ〕ある感覚的で外的な測度で，人々が真の時間のかわりに使っているものです．1時間とか，ひと月とか，1年とかいうようなものです．

このあとⅡで絶対的な空間，Ⅲで場所，Ⅳで相対運動について述べたあとで，もう一度絶対時間に戻っている．

　絶対時間は，天文学では見かけ上の時間の均分によって，相対時間と区別されます．といいますのは，自然日は普通均等であるとみなされ，時間の測度として使われていますが，本当は不均等だからです．天文学者たち

---

[*] 河辺六男編集『ニュートン（世界の名著31）』（中央公論社，1979）．

は，天体の運動をもっと正確な時間で測定できるように，この不均等を補正するのです．おそらく，それによって時間を正確に測ることができる均等な運動などというものは存在しないでしょう．あらゆる運動が加速することもできれば減速することもできるのですが，絶対時間の流れはどんな変化も受けてはならないのです．ところが物の存在が持続される，あるいは永続されるということは，その物の運動が速かろうと遅かろうとあるいはまったく運動していなかろうと，変わりありません．ですからこの持続性は，それの単なる感覚的測度とは区別されねばなりません．そしてその感覚的測度から，天文学の均分というてだてで，持続（絶対時間）を演繹するのです．ある現象の時間の決定のためには，この均分が必要であることは，振子時計の実験からと同様に，木星の衛星の蝕によっても立証されるところです．

『プリンキピア』では，全体の表現が幾何学的なものとなっており，そのため『プリンキピア』第2巻における彼の微分法と積分法——流率法と逆流率法——の説明は非常に難解なものとなっている．これについては，1669年，1671年に書かれたニュートンの論文原稿にしたがって，第4節で述べることにする．

3. ライプニッツ——モナドと無限小

　ニュートンは,『プリンキピア』によって, 自然現象の奥にひそむ根源的な法則を見出し, ここに立ってニュートン世界というべきものを開示したが, ライプニッツは広範な学識をもち, 万能の天才として, 多くの分野で活躍し, その生涯を全うした. ディドロは『百科全書』(全 28 巻, 1751-72) の中で次のように記している.

　「この人はたった一人で, プラトン, アリストテレス, アルキメデスが一緒になってギリシアにもたらしたのと同じくらいの名声を, ドイツにもたらしたのである.」

　数学, 物理学, 生物学, 地質学, 歴史学, 法学, 言語学, 哲学, 神学等々で第一級の活躍をし, これらの分野の学者たちと交流のあったライプニッツは, 数学ではニュートンに並んで微分積分の創始者となった.

　ニュートンは外界に起きる物理的現象の解明に進みながら, その原理を数学に求め, 微積分への道を拓いたが, ライプニッツは, 彼の深く大きな思想の中に微分積分も包み, 育てていったようにみえる. その思想は, ライプニッツが, 晩年 1714 年に著わした『モナドロジー』(単子論) の中に述べられている. 彼が最初に微分積分の考えを「極大, 極小および接線に関する新方法」と題して『学術紀要』に載せたのは 1684 年のことだったから, それからすでに

30年の歳月がたっている．微分積分を創出した彼の中の思想は，その間深化し，熟成していったのだろう．『モナドロジー』を以下『モナド』として引用するが，これを読むと，ライプニッツが微分積分の創造にあたって捉えた無限小という概念は，外の世界から得たものではなく，内なる深い世界の中からであったのだと思われてくる．'無限小'は，モナドの思想の，数学的な具現化であったのかもしれない．現在では『モナド』に示されているような世界の根源にあるものを捉えようとする哲学的な思想はもう消えて，実証的な素粒子論の方向へと移っている．

『モナド』は，90篇の短い文章で書き綴られているが，この中には，ライプニッツの無限小と，それを総合して得られる積分という考えが，この彼の深い思想から湧いてきたのではないかと思われるところもある．特にこの中からはじめの3節と，終りに近い方にある3節を引用しておこう*)．

1 これからお話しするモ̇ナ̇ド̇とは，複合体をつくっている，単一な実体のことである．単一とは，部分がないという意味である．

2 複合体がある以上，単一な実体はかならずある．

---

*) 下村寅太郎編集『スピノザ，ライプニッツ（世界の名著30)』（中央公論社，1980)．

複合体は単一体の集まり，つまり集合にほかならないからである．

3 さて，部分のないところには，ひろがりも，形もあるはずがない．分割することもできない．モナドは，自然における真のアトムである．一言でいえば，森羅万象の要素である．

65 そして自然の創始者（神）は，このかぎりもなく微妙なわざを，もののみごとにやってのけた．といえるわけは，物質のどの部分も，古代の人たちが認めたような無限分割の可能性を秘めているだけではなく，現実におのおのの部分が，また多くの部分にと，どこまでもはてしなく細分されていて，しかも，その1つ1つの部分が，それぞれみな固有の運動をおこなっているからである．でなければ，物質のどの部分も，宇宙全体を表出することができるとはいえないだろう．

79 魂は目的因の法則にしたがい，欲求や目的や手段によって作用する．物体は動力因の法則，つまり運動の法則によって作用する．しかもこの2つの領域，目的因の領域と動力因の領域は，たがいに調和しあっている．

87 さきほど，自然界における2つの世界，つまり動

力因の世界と目的因との世界とのあいだに, 完全な調和があることをたしかめたが, さらにここに, 自然の物理的世界と, 恩寵の倫理的世界, つまり宇宙というからくりの建築者として見た神と, 精神の住む神の国の君主として見た神とのあいだに, もう1つ別の調和があることを認めないではいられない.

ライプニッツの数学の中には, 無限小を総合して積分することによって, そこに1つの関数が生まれるという考えがあったようであるが, ライプニッツの深い思想の奥では, この考えは上のモナド 79, 87 に述べられているものとつながるところがあったのではなかろうかと思われてくる. ここで目的因と動力因として述べられているものを, 目的因を私たちが行為や観察を通して, その源にある無限小とかイデアの深い世界へ心を向けるはたらきと見, 動力因を幾何学的な図形とか現実世界に生ずるさまざまな現象へ目を向けるはたらきと見ると, このモナドの文章はライプニッツの微積分の中には隠されていた深い思想の源泉を窺わせるところがあるように思われる.

なお, ライプニッツには,「数学の秘密はその記号にあり」という言葉がある. 私たちは数学の中でモナドの思想を直接見ることはできないが, 私たちがふだん用いている微積分の記号の奥にその思想を窺うことはできる. これについては第6節で述べる.

4. ニュートンの流率法と逆流率法

 ニュートンは深い信仰の人であった．ニュートンが究めようとした自然哲学の奥にあるものは，一体，どのようなものであったろうか．ニュートンは，万物流転の世界を支配するかのように，止まることなく流れ続ける時間を絶対時間として捉えた．そして絶対時間の中で運動によって動く質点を，解析幾何の表示を用いて数直線上の動点として表わし，これを流量（fluents）と名づけた．ここでは，図形を静的な存在と考えるギリシア的な視点も，また図形の性質を代数によって解析しようとするデカルトの立場も消えている．数学は大きく動きはじめたのである．ニュートンの前にあったのは，自然現象を支配する原理であり，それを流量によって解析する数学の方法であった．

 ニュートンが登場する前に，すでに新しい波が数学の中で起きていた．そのことについて少し触れておこう．

 デカルトが，いわば数学への方法序説として解析幾何を創始した頃から，デカルトの思想とは別の幾何学に向けてのアプローチがほかの人たちによってもはじめられていた．それは古典的なアルキメデスの'取りつくし法'を，無限小の概念へと昇華させていくことであった．1630年代になると，たとえばロベルヴァルのように，「線は無限個に分割可能であるが，'究極的な部分'というものは存在せ

ず，分割後の各部分は依然として線である」という考えも現われていた．このような考えは，やがて無限小の考えを育てていくことになったのかもしれない．図形を静的な対象と見ず，図形もまた私たちがはたらきかけていく対象と見るようになってきた．

フェルマ (1601-65) は，デカルトのように曲線を代数的な方法で解析することからさらに飛躍して，x, y についての不定方程式を，x, y を変数として曲線として表わすことにより，いまでいえば，x と y の関数関係としてみようとしていた．このときフェルマの用いた座標平面の座標軸というべきものは，原点から正の方向に延びる半直線 (x 軸) と，もう一方は原点から斜め上方か，直角の方向に動点の軌跡として描かれる半直線であった（当時は正根だけに関心があった）．そしてさらに曲線の接線にも関心をもち，その式を求めていた．時代はしだいに，曲線を点の運動の軌跡として見るように移ってきていた．

ニュートンは第1節に述べたように，彼の微分積分の考えと方法については，1665年にはすでに微分積分学の基本定理を認識していた．ニュートンはこのとき，面積は運動学的に動線によって掃かれていくものとして捉えていた．

これを見ると，このあと15年たって書かれた『プリンキピア』の中ではっきりと述べられている'絶対時間'という概念は，1660年代の微分積分の創成期にはまだ育っていなかったようである．現在私たちの生活の中でも，時間は

いくつかの変量の変化を測るとき，基準となる変量をとって測られる相対的なものとなっていることも多い．ニュートンは現在変数とよばれている概念に相当するものを流量とよんで，そしてある流量を基準として，それによって測った x, y などの速さを $\dot{x}, \dot{y}$ のように表わした．そしてこの速さの相互の比を

$$\frac{\dot{y}}{\dot{x}}$$

のように表わし，これを流率（fluxion）とよんだ．そしてしばしば，流量 x は時間に対して一様に流れるとして，$\dot{x}=1$ とおいた．しかしなおこのときには絶対時間の概念はなかったから，$\frac{\dot{y}}{\dot{x}}$ は $\frac{dy/dt}{dx/dt}$ とは区別される概念であった．

ニュートンはこの比の考えで，変量の微小変化から生ずる小さな量は，それは分母，分子で通分してしまえば，無視できるものと考えた．現在の眼で見れば，極限概念のすぐそこまできていたことになるだろう．ニュートンは流量のモーメントを十分小さい時間 o の間の変化量と定義して，それを $\dot{x}o, \dot{y}o$ のように表わした．

ニュートンは，曲線の式

$$x^3 - ax^2 + axy - y^3 = 0$$

の式で，x, y のかわりに $x+\dot{x}o, y+\dot{y}o$ を代入して，上の式の右辺が 0 のことを用いて

$$(3\dot{x}ox^2+3\dot{x}^2o^2x+\dot{x}^3o^3)-(2a\dot{x}ox+a\dot{x}^2o^2)$$
$$+(a\dot{x}oy+a\dot{y}ox+a\dot{x}\dot{y}o^2)-(3\dot{y}oy^2+3\dot{y}^2o^2y+\dot{y}^3o^3)=0$$

という式を導いた．次にこの式を o で割って，なお o が残っている項は無視して

$$3\dot{x}x^2-2a\dot{x}x+a\dot{x}y+a\dot{y}x-3\dot{y}y^2=0$$

という式を導いた．これから曲線の流率が

$$\frac{\dot{y}}{\dot{x}}=\frac{3x^2-2ax+ay}{3y^2-ax}$$

で与えられることを示した．

ニュートンは，さらに流率の考えを使って，接線や，極大，極小，また曲線の曲率も考察した．

またニュートンは，1669 年の『解析について』の中で，次のような例で，流率と面積との関係を示している．いま下の図の曲線で，網のかけられている部分の面積を z と

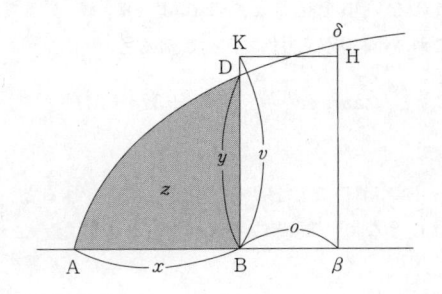

し, x を流量と考える. z は流量 x によって

$$z = \frac{2}{3}x^{\frac{3}{2}} \qquad (*)$$

すなわち

$$z^2 = \frac{4}{9}x^3$$

と表わされているとする.

図で $z=$ 面積 ABD である. B$\beta=o$ は微小な変化とする. BK$=v$ を, 面積 BD$\delta\beta=$ 面積 BKH$\beta=ov$ となるようにとっておく.

(*) から

$$(z+ov)^2 = \frac{4}{9}(x+o)^3$$

これから

$$z^2+2zov+o^2v^2 = \frac{4}{9}(x^3+3x^2o+3xo^2+o^3)$$

両辺で o のない項を見ると, これは (*) によって等しいから, これを両辺から引いて o で割ると

$$2zv+ov^2 = \frac{4}{9}(3x^2+3xo+o^2)$$

となる.

ニュートンはここで Bβ を無限に小さくとると, o の入った項は 0 となり, 同時に $v=y$ になるとした. こうして

$$2zy = \frac{4}{3}x^2$$

を導いたが，(*) を代入すると

$$y = x^{\frac{1}{2}}$$

という関係が得られる．

これは微分積分の基本関係「関数のグラフとして描かれた図形の面積を微分すると，もとの関数になる」を示したことにほかならない．

5. ライプニッツの微分積分

ハノーファーの王立図書館に，1675年の10月と11月にかかれたライプニッツの手稿が数編残されている．ここには，のちに微分積分とよばれるようになったライプニッツの新しい計算法が生まれた過程が記されており，そこに3つの基本的な構想とアイディアが述べられている．

第一の構想は，ライプニッツの哲学「普遍記号法」に基づくものであった．ライプニッツは適切な記号体系が人間の思考にとってどれほど重要であるかを最初に認識した人であるとされている．ライプニッツは曲線の幾何学の研究にあたって，結果よりも，そこにどのようにアプローチしていくかという方法の方に関心をもっていた．特にこの分野において，公式として表わし定式化できるようなアルゴ

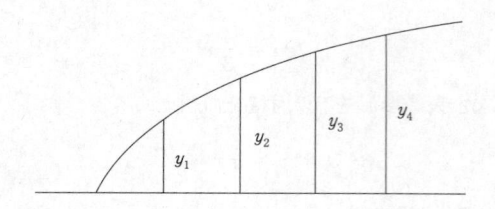

リズムを求めようとしていた．

第二の構想は階差数列に基づくものである．

一般に数列 $a_1, a_2, \cdots, a_n, \cdots$ に対して

$$b_1 = a_1-a_2, \quad b_2 = a_2-a_3, \quad \cdots, \quad b_n = a_n-a_{n+1}, \quad \cdots$$

とおくと

$$b_1+b_2+\cdots+b_n = a_1-a_{n+1}$$

となる．

ライプニッツはこの関係を幾何学に適用してみようとした．いま曲線に対して上図のように高さ $y_1, y_2, \cdots, y_n, \cdots$ を立てる．この間隔は非常に小さい単位の長さ1とする．このとき $y_2-y_1, y_3-y_2, \cdots$ は接線の傾きにごく近い値となる．一方，この間隔を無限小にとれば，$y_1, y_2, \cdots, y_n, \cdots$ をすべて加えたものは曲線の面積となるだろう．ライプニッツはこのような推論から，和と差をとることで，面積と接線とが互いに逆の演算であることを確信したようである．しかし

この構想を実現するには，まだ時は熟していなかった．

第三の構想は，パスカルの考えにしたがって，曲線の面積を求めるに際し，この面積を曲線上の接線を通して別の面積へと還元させるアルゴリズムを見出すことであった．これは実際は，積分と微分との間に成り立つアルゴリズムを見出したことになっていたが，これはそれほど見やすいものではなかった．

ライプニッツの見出した方法をかんたんに述べると次のようになる．下の図で，曲線 OC 上で 2 点 c, c′ を十分近く——無限小の近さ——にとる．このとき線分 cc′ の傾きは c における接線の傾きとなる（と考えてよい）．一方 c を曲線上を動かすとき，微小三角形 Occ′ の面積の和は，線分 OC の上にある曲線の部分（図では網をかけてある部分）

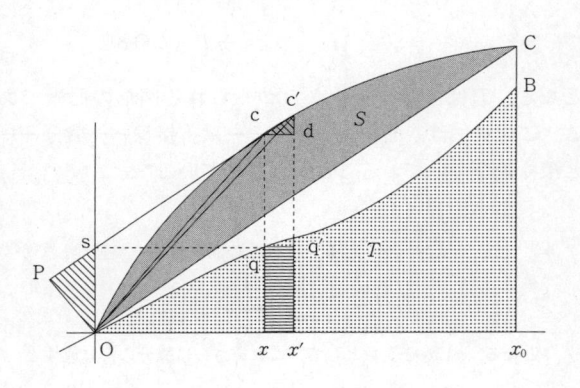

の面積 S となる.

ところが

$$\triangle \text{Occ}' \text{ の面積} = \frac{1}{2}\text{cc}' \times \text{OP} = \frac{1}{2}\text{cd} \times \text{Os}.$$

($\triangle \text{cc}'\text{d} \backsim \triangle \text{OsP}$ による)

したがって x の上に Os に等しい高さをとって得られる曲線 OB を考えると, $\triangle \text{Occ}'$ の面積は長方形 $x\text{qq}'x'$ の面積の $\frac{1}{2}$ と等しくなり, これらの面積の和は, 曲線 OB のつくる図形の面積 T の $\frac{1}{2}$ となる. したがって

$$S = \frac{1}{2}T$$

となることがわかる.

これから

$$\text{曲線OCのつくる面積} = S + \triangle \text{O}x_0\text{C}$$
$$= \frac{1}{2}T + \triangle \text{O}x_0\text{C}$$

となる. T は曲線の接線からつくられる図形の面積である. この式には, 面積——積分——は, 接線——微分——と深く結びついていることが示されている[*].

---

[*] ここで示されたことを, 微積分の記法を使って整理してかくと

$$\int_0^{x_0} y\,dx + \int_0^{x_0} x\frac{dy}{dx}dx = x_0 y_0$$

となる. x_0, y_0 を変数として, これをさらに微分の形に直すと

6. ライプニッツの記号

ライプニッツは,1675年の10月25日と11月11日の手稿の中で,面積の問題をいろいろな角度から考えている.その中では,最初カヴァリエリ(1598-1647)学派の面積に対する記法が用いられている.カヴァリエリは,面積は線分の長さを集めたものと考えていたから,記号 omn. で表わしていた. omn. はラテン語の omnes lineae (all lines) の略で,それは O として表わすことが多かった.ライプニッツはこの記号を sum とよんでいた.

次頁の図で

$$\text{面積 OCD} = \text{面積 OBCD} - \text{面積 OBC} \quad (*)$$

である.

ライプニッツはこれらの面積は,この中に含まれている部分の和として求められるとして,カヴァリエリの記号にならって,それぞれを

面積 OCD $=$ omn. $\overline{xw}$

面積 OBCD $=$ ult. $x\,\overline{\text{omn.}\,w}$　(ult. x は'最終の'長さ x)

面積 OBC $=$ $\overline{\text{omn. omn.}\,w}$

$$(xy)' = y + xy'$$

となる(志賀『数学の流れ30講・中』263頁).

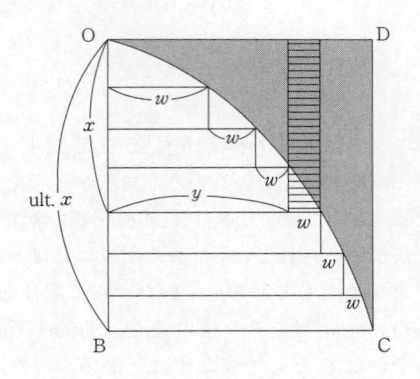

(ここで xw は，w に OB までの長さをかけた w のモーメントとよばれるものであり，$\overline{xw}$ はそれらをすべて集めたことを示している．また $\overline{\text{omn. omn.} w}$ は $\sum\sum w$ を示している）として，(*) を

$$\text{omn.}\,\overline{xw} = \text{ult.}\,x\,\overline{\text{omn.}\,w} - \overline{\text{omn. omn.}\,w}$$

と表わした．次にこれを簡明に

$$\text{omn.}\,xl = x\,\text{omn.}\,l - \text{omn. omn.}\,l \qquad (**)$$

と書き直した．l は数列 $\{w\}$ を表わしている．

ライプニッツはここで，x はふつうの数なのに，l は順序のついている数列のことを考慮し，omn. という記号を捨てて，$\int$ という記号を導入することを考え，(**) を

$$\int xl = x\int l - \int\int l$$

と表した．そしてこの記号では

$$\int x = \frac{x^2}{2}, \quad \int x^2 = \frac{x^3}{3}$$

となることに注意した．

　積分記号 $\int$ がここに誕生した．$\int$ はライプニッツの頃には文字 S の筆記体として用いられていたもので，ここでは和 summa の頭文字を意味している．

　さらにこの 1675 年 11 月の手稿の中で，微分の記号 d についても最初に言及されている．ここで ya とかかれているのは，y を面積として見なしていることを示している．以下はライプニッツ自身の文章である．

　l とその x に対する関係が与えられたとき，$\int l$ を見出すこと．これは逆の計算も得ることができる．すなわち $\int l = ya$ とおく．このとき $l = \dfrac{ya}{d}$, このとき $\int$ は次元を増すが，d は次元を減らすだろう．しかし $\int$ は和を意味し，d は差を意味している．y が与えられたとき，つねに $\dfrac{y}{d}$, すなわち y の差を見出すことができる．

ここで d を分母においたのは次元を揃える配慮で，l が線分なら $\int l$ は面積，したがって面積 ya を d で割って長さ

l の次元が揃うと考えたのである．しかしこれは煩わしいと考えて，しばらくして $\dfrac{ya}{d}$ のかわりに $d(ya)$ とかくことに改めた．

手稿の中では，この新しい記号 $\int$ と d についてさらに検証している．最初は $d(uv)=dudv$ としていたが，のちには

$$(u+du)(v+dv)-uv = udv+vdu+dudv$$

で，$dudv$ は高位の無限小だからこれは除くといって

$$d(uv) = udv+vdu$$

に改めた．

ライプニッツは少し後で，彼の微分と積分の概念を要約した．

変数 y の微分（differential）dy とは，無限に近く隣接している y の値の差のことである．一方 dx とは，水平軸上の無限に近く隣接している x の値の差のことである．また和 $\int ydx$（あとでベルヌーイたちによって積分とよばれるようになった）は，無限に小さい長方形 ydx の和のことであり，したがって曲線の面積は $\int ydx$ と表わされる．

ライプニッツは，この 1675 年に新しい数学に向けての眺望をほとんど得ていたにもかかわらず，これを直ちに公けにすることにはためらいがあったようである．ライプニ

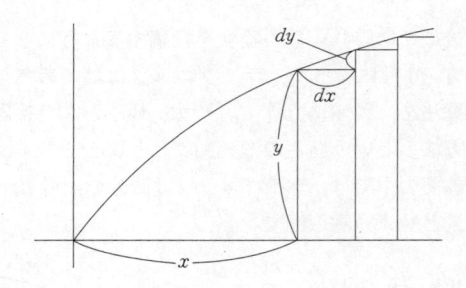

ッツのように積極的に広い外の世界へと働きかけ，多くの分野にわたって休むことなく活躍し，近世思想に深い影響を与えた多くの哲学の論文や著作を残した学者にとって，これは少しふつうでないことのようにみえる．

ライプニッツは，彼の新しい計算法を支える無限小という概念を明確にできないことにためらいを感じていたのかもしれない．しかし『モナドロジー』で見るように，無限小は彼の生涯にわたって，思想の根幹にあったのだろう．ライプニッツはユークリッドの『原論』にならって，無限小の概念を公理として取り出し，そこから計算法を演繹するということも試みたようであったが，それは成功しなかった．

1682年から，哲学教授オットー・メンケにより，ライプツィヒから学術雑誌『学術紀要』（Acta Eruditorum）が刊行されることになったが，ライプニッツはこの創刊に携わ

り，以後ここに夥しい数の論文を投稿するようになった．

1684年10月になって，ライプニッツははじめて彼の新しい計算法を，『学術紀要』に「極大，極小および接線に関する新方法」という題名の短い論文として公表した．

この論文の中では，ライプニッツは微分の記号 dx, dy を無限小量とせず，右の図で

$$dy : dx = y : t$$

として定義した．そして a が定数ならば $da = 0$，また

$$d(v \pm y) = dv \pm dy,$$
$$d(vw) = vdw + wdv,$$
$$d\left(\frac{v}{y}\right) = \frac{(\pm vdy \mp ydv)}{y^2}$$

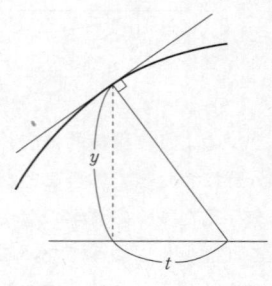

　　　　　　（± は接線の向きが正か負かによる）

を示した．

そして証明なしに，公式として

$$d(x^n) = nx^{n-1}dx, \quad d\sqrt[b]{x^a} = \frac{a}{b}\sqrt[b]{x^{a-b}}dx$$

を示し，2番目の公式は，1番目の公式で n を $\dfrac{a}{b}$ とおいたものになっていることを注意している．

さらにこの計算法の有用さを示すために

　$dv > 0 \Rightarrow v$ は増加，$dv < 0 \Rightarrow v$ は減少，

v が増加も減少もしないならば，$dv=0$ であり，接線はそこで平らになる．

dv が増加するときは凸，dv が減少するときは凹と述べている．

しかしこの論文は，計算があまりにも抽象的で，当時の人々には全然理解されず，見捨てられてしまった．

1693 年の短い論文では，面積を求める一般的な問題は，与えられた接線の規則をもつ曲線 y を見つけることに帰着するとし，y が規則 $\dfrac{dz}{dx}=y$ をみたすならば，$\int y dx = z$ となることを述べている．

第9章 無限の登場

1. 数学のバロック時代

17世紀後半に突然現われた微分積分によって、多くの数学者の関心は、数から変量へと移っていった。ニュートンは、変量は絶対時間の中で動く量としたが、ライプニッツは変量のはたらきの奥にモナドを見、それを無限小量として記号で dx, dy のように表わした。それまで静的な学問体系としての姿を保ってきた数学は、突然数学の中に動的な流れを見るようになってきた。

その中で起きてきた混迷は、18世紀数学100年を通して続いたのである。それはギリシア数学における'無限畏怖'以来、数学の中に表立って現われることのなかった無限と、その中で起きる変化の相が、数学にさまざまな問題を提起し、数学者ひとりひとりに、それに立ち向かう立脚点を求めてきたことによっている。そして数学者が次々と求められてくる問いかけに答えようと努めれば努めるほど、無限は一層深遠な姿を現わしはじめてきた。このときはまだ実数概念も、数直線の概念もなく、変化する量を数

学的に表現する場はなかった．無限や，無限小を見る視点は，ひとりひとりの数学者に託されていたのである．

バロックという言葉の由来は，スペイン語の'ゆがんだ形をもつ真珠'にあるとされているが，数学もまた音楽と絵画と同じように，17世紀から18世紀にかけてバロックの時代を迎えていた．

この'無限'に向けての問いかけに対して2つの立場があった．それは

　　　　数をいままでのように四則演算の中で見るか，

あるいは

　　　　　　　数は変量の表現と見るか

という基本的な問題にかかわるものであった．四則演算の中で見るとき，無限を含む数の解析が実際どの程度可能なのか，また変量の表現とみるときには，無限小量をどのようにそれまでの四則演算と融和させるのか，この2つの問題が18世紀数学を蔽ったのである．

前者の問題に対しては，1748年にオイラーによって著わされた大著『無限解析序説』の中で1つの道が示された．オイラーはどこまでも大きくなる数Nと，ここから定数aを引いた数$N-a$との比は，Nを無限に大きくするとき1になる，という視点に立った．これによって無限大に向かって進むこのような2つの数の比に対しては，数式の中に

取りこんで考察することが可能となった．これについては次節で述べる．

　後者の変量から生ずる無限小量についての謎は，無限小量の無限小量とは何かというような問いかけへと進んできて，このような言葉がすでに数学者を困惑させていた．ここから生じた暗く重い雲は 18 世紀数学の上を重く蔽っていたのである．これについては 3 節で述べる．

　この雲が完全に晴れるのは 19 世紀になってからである．このときになって，'数が変化する'ということが，数直線上で極限概念を通して表現されることが確定し，'変量'が蔽っていた暗い雲は晴れ，改めてここから解析学の基礎づけがはじまったのである．これについては第 10 章で述べるようにコーシーの貢献が大きかった．

2. オイラーの『無限解析』

　微分積分は，ニュートン，ライプニッツによって創成されたが，その数学はいまだかつて出会ったことのないようなまったく新しい姿をとっていた．それまでの数学では，まず考えるべき対象，または問題がはっきりと提示されていた．ギリシアの数学ではそれは図形であったし，アラビア数学では未知数を含む代数式であった．近世になっても，ネピアやフェルマの前には，考えるべき対象は目の前にはっきりとおかれていた．デカルトの解析幾何は，図形

の幾何学的性質を，代数を用いて解析する新しい方法を提示したが，そこにはやはりまず解答が求められる問題がおかれていた．

　ニュートンとライプニッツは，そのような数学の姿を完全に変えてしまった．ニュートンの後にはニュートン力学があり，ライプニッツの後にはモナドの哲学があった．二人の前に，解決すべき問題がおかれているわけではなかったのである．数学は開かれた世界へ向かって歩みはじめたのであり，それは数学の歴史にとっては革命的な出来事であった．新しい数学を展開する前に，数学に対する視点が求められたが，ニュートンはそれを流率におき，ライプニッツはモナドの哲学と記号のはたらきにおいた．そしてそこから見えてきたものは，無限というものが数学にもたらすふしぎなはたらきであった．それはそれまでに数学が出会ったこともないようなさまざまな展開をもたらし，数学は目に見えなかった束縛から，解き放たれたような自由な動きを示しはじめた．

　それをもっとも端的に示したのが，1748年に出版されたオイラーの『無限解析序説』であった．この『無限解析』でもっとも注目すべき点は，この書の中では，ニュートン，ライプニッツによって見出された微分積分という方法が少しも登場していないことである．後述するように，18世紀数学を通して微分積分の上に漂う無限小量という暗雲を払いのけることはできなかった．オイラーは徹底して'算数

の立場'に立ち，そこから無限の深淵を見るという立場をとることによって，'無限'の扉を開いたのである．それはオイラーという天才だけに許された視点であった．この『無限解析』は高瀬正仁氏の御尽力によって，2001 年に日本語に訳され，私たちが目にすることができるようになった[*]．（ここではその一部を引用させて頂く．）

緒言の最初は次のような文章からはじまる．

> 数学を愛する人が無限解析を学ぶ際に直面せざるをえないさまざまな困難のうち，おおかたの部分は，通常のレベルの代数をほとんど習得しないうちに，あのはるかにレベルの高い技術に向かおうとする姿勢に起因する．私の目にはしばしばそのような情景が映じた．その結果がどのようになるかといえば，単にいわば敷居のところで立ちすくんでしまうというだけにとどまらず，補助手段たるべき概念である無限についてゆがんだ観念を形成するという成りゆきになってしまう．無限解析のためには通常のレベルの代数の完璧な知識が要請されているわけではないし，これまでに発見されてきた技巧の数々のすべてに通じることが求められているわけでもない．しかしまたそこには少なからぬ諸問題が存在し，それらの解明作業には，あのはるかに崇高な学問へと歩を進めて

---

[*] レオンハルト・オイラー，高瀬正仁訳『オイラーの無限解析』（海鳴社，2001）．

いくうえで学ぶ者の心構えを作る力が備わっている．ところがそれらは通常の代数の教程ではすっかり省かれていたり，あるいは十分に念を入れて取り扱われていなかったりする．私がこの書物に集めた事どもには，この欠陥を補ってあまりある力が備わっていることを私は疑わない．実際，私は無限解析が絶対的に要請する事柄を，通常なされるよりもはるかに細密に，しかもはるかに明瞭に説明するように努めたが，そればかりではなく十分に多くの問題を解明した．この解明を通じて，読者は無限の観念に徐々に，それと気づかぬうちに親しみを寄せるようになっていくことであろう．私は通常のレベルの代数の諸規則に基づいて，普通なら無限解析で取り扱われることになっている多くの問題を解決した．これは，二通りの方法の最高の調和がいっそう容易に，交互に明るみに出されるようにするための処置である．

この書の「第1章 関数に関する一般的な事柄」では，次のような定量，変化量，関数の定義が述べられている（本文にはこのそれぞれについて説明がある）．

1. 定量とは，一貫して同一の値を保持し続けるという性質をもつ，明確に定められた量のことをいう．
2. 変化量とは，一般にあらゆる定値をその中に包摂している不確定量，言い換えると，普遍的な性格を備え

ている量のことをいう．
3. 変化量は，それに対してある定値が割り当てられるとき，確定する．
4. ある変化量の関数というのは，その変化量といくつかの数，すなわち定量を用いて何らかの仕方で組み立てられた解析的表示式のことをいう．
5. それゆえ，ある変化量の関数はそれ自身，変化量である．

　オイラーの『無限解析』は，18章からなる大著であるが，第1章から第5章までは主に有理関数と，巾根で表わされる関数の考察にあてられている．これ以後，この書の主題である'無限'が展開してくる．

　第6章「指数量と対数」，第7章「指数量の対数表示」の中で，はじめて指数関数と対数関数が明確に定義され，それらの関数に対して巾級数表示が示された．対数はネピアの発見から130年たって，関数という一般概念の中に包まれることになった．ニュートンの力学も，ライプニッツの哲学も消えて，数学はここから近世数学へ向けて純粋数学への道を歩みはじめることになったといってよいのかもしれない．以下ではこの6章と7章の内容を少し詳しく述べてみることにする．

　オイラーは，$a^y=x$ という2つの変数 x, y の関係を，底 a をもつ対数として $\log_a x = y$ と表わした．そして第7章

のはじめで，$a^0=1$ を注意した上で，十分小さい数 ε に対し

$$a^\varepsilon = 1+k\varepsilon \tag{1}$$

と表わし，そして与えられた有限量 x に対して，'無限に大きな数' $N=\dfrac{x}{\varepsilon}$ を導入した．このとき

$$\begin{aligned}
a^x &= a^{N\varepsilon} = (a^\varepsilon)^N \\
&= (1+k\varepsilon)^N \\
&= \left(1+\frac{kx}{N}\right)^N \\
&= 1+N\left(\frac{kx}{N}\right)+\frac{N(N-1)}{2!}\left(\frac{kx}{N}\right)^2 \\
&\quad +\frac{N(N-1)(N-2)}{3!}\left(\frac{kx}{N}\right)^3+\cdots \quad \text{(二項定理)}.
\end{aligned} \tag{2}$$

したがって

$$\begin{aligned}
a^x = 1+kx&+\frac{1}{2!}\frac{N(N-1)}{N^2}k^2x^2 \\
&+\frac{1}{3!}\frac{N(N-1)(N-2)}{N^3}k^3x^3+\cdots.
\end{aligned}$$

ここで N は無限に大きな数なので，

$$1 = \frac{N-1}{N} = \frac{N-2}{N} = \cdots$$

を仮定した．したがってこの式で $x=1$ とおくと，

$$a = 1 + \frac{k}{1!} + \frac{k^2}{2!} + \frac{k^3}{3!} + \cdots.$$

オイラーはここで $k=1$ とおいて,

$$e = 1 + \frac{1}{1!} + \frac{1}{2!} + \frac{1}{3!} + \cdots$$

とおいた. 指数関数の底 e が誕生したのである！ オイラーは, e の値を小数点以下 23 桁まで求めている.

$$e = 2.71828\,18284\,59045\,23536\,028.$$

等式 (2) はこのとき

$$e^x = \left(1 + \frac{x}{N}\right)^N$$

と表わされるが, 私たちはこれをいまは極限記号 lim を使って

$$e^x = \lim_{n \to \infty} \left(1 + \frac{x}{n}\right)^n$$

と表わしている.

似たような考察で, オイラーは

$$\log(1+x) = N\{(1+x)^{\frac{1}{N}} - 1\}$$
$$= x - \frac{1}{2}\frac{N-1}{N}x^2 + \frac{1}{3!}\frac{(N-1)(2N-1)}{N^2}x^3 - \cdots$$

を導き, ここで現代流の考えならば $N \to \infty$ として

$$\log(1+x) = x - \frac{1}{2}x^2 + \frac{1}{3}x^3 - \cdots$$

を示した．

『無限解析序説』の中で，これに続く第 8 章「円から生ずる超越量」では，ド・モアブル[*]の公式

$$e^{ix} = \cos x + i \sin x \quad (i \text{ は，虚数単位}: i^2 = -1)$$

を示し，さらに $\sin x$, $\cos x$ の巾級数展開

$$\sin x = x - \frac{1}{3!}x^3 + \frac{1}{5!}x^5 - \frac{1}{7!}x^7 + \cdots$$

$$\cos x = 1 - \frac{1}{2!}x^2 + \frac{1}{4!}x^4 - \frac{1}{6!}x^6 + \cdots$$

も示した．

オイラーは，数に対して天才的な直覚力と，驚くような計算力をもっていたが，この『無限解析序説』の第 15 章では，数が無限の中で自由に躍動する景観が示されている．ここではそのいくつかを勝手に取り出して結果だけ記しておこう．それは私たちがふだん決して見ることのできない数の景色である．

- $\dfrac{16}{15} = \dfrac{14}{13} \cdot \dfrac{62}{63} \cdot \dfrac{172}{171} \cdot \dfrac{666}{665} \cdot \dfrac{1098}{1099} \cdots$

---

[*] Abraham de Moivre (1667-1754)．フランス生まれで，のちに英国へ渡った数学者．ニュートンと親交があった．

この右辺に現われる分数は奇数の3乗を用いて作られている．すなわちそのような3乗数の各々から1だけ食い違う2つの数をつくり，それらの2つの数を2で割って得られた数のうち，偶数を分子に，奇数を分母において得られている：

$$14 = \frac{3^3+1}{2}, \quad 13 = \frac{3^3-1}{2} \, ;$$
$$62 = \frac{5^3-1}{2}, \quad 63 = \frac{5^3+1}{2} \, ; \cdots$$

- $\dfrac{3}{2} = \dfrac{5}{4} \cdot \dfrac{13}{12} \cdot \dfrac{25}{24} \cdot \dfrac{61}{60} \cdot \dfrac{85}{84} \cdots$

この右辺の無限積を構成する各々の分数で，分子は分母より1だけ大きい．また1つ1つの分子と分母を加えると，順に素数の平方 $3^2, 5^2, 7^2, 11^2, \cdots$ となっている．

- 円周率 π についても，不思議な式がたくさん示されている．そのうちの3つを示しておこう．

$$\frac{15}{\pi^2} = 1 + \frac{1}{2^2} + \frac{1}{3^2} + \frac{1}{5^2} + \frac{1}{6^2} + \frac{1}{7^2} + \frac{1}{10^2} + \frac{1}{11^2} + \cdots$$

$$\frac{\pi^4}{90} = \frac{2^4}{2^4-1} \cdot \frac{3^4}{3^4-1} \cdot \frac{5^4}{5^4-1} \cdot \frac{7^4}{7^4-1} \cdot \frac{11^4}{11^4-1} \cdots$$

$$\frac{\pi}{2} = \frac{3}{2} \cdot \frac{5}{6} \cdot \frac{7}{6} \cdot \frac{11}{10} \cdot \frac{13}{14} \cdot \frac{17}{18} \cdot \frac{19}{18} \cdot \frac{23}{22} \cdots$$

この3番目の右辺の無限積で，この積を構成する分数の分子には，すべての素数が現われ，分母は分子とくらべて1だけ違う，ある奇数の2倍の数となっている．

この最後の式を見ると，なぜ円から生まれたπと，数から生まれた素数が出会う場所があったのか，不思議で神秘的な感じがする．しかしオイラー以後，数学は解析学や整数論のように，それぞれの分野で数を見る視点を決めてしまったので，オイラーが示したような数の調和を，無限を通して見るようなことは失われてしまうことになった．オイラーのような天才が再び現われることはないのだろうか．

3. 無限小の闇と18世紀数学

オイラーが『無限解析』の中で展開した，数の中での驚くべき無限の世界は，18世紀の数学の中で大きく動いていた力学的世界観の外にあった．多くの数学者たちの関心は，さまざまな物理現象から生まれてくる多くの力学の問題に向けられ，そこから定式化されてくる関数関係に向けられていた．

しかしニュートン，ライプニッツによって誕生した微分積分は，なおそれぞれの現象を変量を通して見ていたが，そこには無限小量が立ちふさがり，それが微分積分の奥に暗い闇をつくっていた．オイラーの『無限解析』が展開したのは，いわば数全体を，無限の立場に立って俯瞰したとき現われるさまざまな現象の解明であり，それらは流量や無限小を通して，外の世界の現象を解析するような視点とは対極的な場所にあった．

微分積分は，誕生後ベルヌーイ兄弟の活躍もあって，急速に展開していった．図形の解析から出発した微分積分は，ニュートンとライプニッツのそれぞれの哲学から，やがて図形から離れ，変量の関係——関数——へと入っていった．ニュートンは，ニュートン力学を創始したが，そこに現われる基本量'加速度'は，図形の幾何学的な解析から得られるものではなかった．またライプニッツの無限小は，さらに記号のはたらきを通して高位の無限小への道を拓いていくことになった．

18世紀初頭の数学者たちは，1つの変量から，次々と高位の変量が生まれてくる状況に強い関心を向けたのではないかと思われる．このような数学の流れの中でニュートンの弟子であったテイラー[*]は，1715年に『増分についての順と逆の方法』という本を著わした．ここでのテイラーの

---

  [*] Brook Taylor (1685-1731)．英国の数学者で哲学者．

表現は難解であったが，テイラー級数はこのとき誕生したのである．テイラーはニュートンの補間法を使って，$\dot{x}_0$ を変量 x の x_0 における流率，$\dot{y}_0, \ddot{y}_0, \dddot{y}_0, \cdots$ を変量 y の y_0 における高位の無限小による流率として

$$y = y_0 + (x-x_0)\frac{\dot{y}_0}{\dot{x}_0} + \frac{(x-x_0)^2}{2!}\frac{\ddot{y}_0}{(\dot{x}_0)^2} + \frac{(x-x_0)^3}{3!}\frac{\dddot{y}_0}{(\dot{x}_0)^3} + \cdots \quad (1)$$

という級数表示を示した．

この右辺に現われる流率の比を，現在の微分の形におきかえると，よく知られたテイラー級数

$$f(x) = f(x_0) + f'(x_0)(x-x_0) + \frac{f''(x_0)}{2!}(x-x_0)^2 + \cdots \quad (2)$$

となる．

● 関数 $f(x)$ を表わすこの級数は，現在の微積分の教科書に載せられているものであり，$f(x)$ のテイラー展開とよばれている．ここで x_0 を原点にとると，e^x, $\sin x$, $\cos x$, $\log(1+x)$ などの関数の巾級数展開——テイラー展開——が得られる．しかしこのようなテイラー展開のできる関数はごく限られた関数である．それは $f(x)$ の $x=0$ のごく近くにおける値さえわかれば，$f(0), f'(0), f''(0), \cdots$ の値はすべて決まり，したがってこれですべての x に対して $f(x)$ の値

が完全に決まってしまうからである．これはグラフでいえば，原点のごく近くでグラフが与えられれば，それでグラフ全体が完全に決まってしまうことを示している．

(2) のような形で巾級数として表わされる関数を，いまは解析関数という．一般の関数に対しては，現在の微積分の教科書の中では，剰余項をおくことによって，右辺を有限の項で切った形で示されている．しかしこのようなことがはっきりしたのは 19 世紀になってからである．

しかしテイラーが，テイラー級数 (1) を提示したときには，まだはっきりした関数概念や変数概念はなく，2 つの変量 x と y の関係が対象であり，その変化の状況は無限小量 dx, dy，あるいは $\dot{x}, \dot{y}$ で表わされていた．しかしそれでは，テイラーの式の中に現われている $\ddot{y}, \dddot{y}, \cdots$ のような高位の無限小の意味するものは何か．テイラーの定理が現われるようになって，どこまでも続いていく高位の無限小量に対して，不信と批判がよび起されることになってきた．

このようなとき，アイルランドの司教で，有名な哲学者であったジョージ・バークレイ (1685-1753) は，高次の高階の微分を，ニュートンの流率の立場からみて，'速度の速度' などというものについての強い批判として，次のような長い副題がつけられた『解析者たち』という本を 1734 年に著わした．

『解析者たち：異端の解析者に向けられた論説：ここでは最近の解析者の対象，原理，推論は，神秘さとか信仰をもたらすもの以上に，十分考えられたものであるか，あるいはまた明白に演繹されたものであるかを検討する』

『解析者たち』は，次のような徹底した批判の文章で綴られている．

いま我々の感覚は，極端に微小な対象に向けられ，そこで緊張し，悩まされている．機能が意識から導き出す想像力は，時間の最小の粒子の考え，またそこから生成される最小の増加の考えを，どのように明確に形づけるかに困惑しきっている．さらにその上，瞬間や，またそれらが有限の粒子となる前に存在する生まれたばかりの流量の増加をどう理解したらよいのか．

さらにこの生まれたばかりの不完全な個体の抽象化された速度を知覚することは一層困難なことに思われる．しかも，「速度の速度」，2番目，3番目，4番目，5番目の速度などなどは，私が間違っていない限り人間の理解を越えている．このように逃げていく観念を，人間の心が解析し，追い求めようとすればするほど，それは見失われ，さまよい出す．目的とするものは，最初は逃亡し，微小になり，やがて視界から消えていく．確かにどんなに考えても，2階，3階，4階の流率とは，空漠としてミステリーでしかないように思える．

次の文章はもっともよく引用される一節である．

そしてこれらの流率とは何か？　消えゆくものの増加率の速度とは何か？　そして消えゆくものの同じ増加量とは何か？　それらは有限の量でもないし，無限に小さい量でもないし，しかも無ではない．われわれはこれは動きはじめた量の亡霊といってはいけないだろうか？

　ユークリッドの『原論』では，点は「部分のないもの」，線は「幅のない長さ」として述べられている．もちろんこの定義だけでは私たちは点も直線も実際に確認することはできない．しかしギリシアの人たちはこの存在をイデアの世界の中で捉えた．そこには論理がはたらき，それを通して点や直線のもつ幾何学的な性質は解明されていったのである．ライプニッツも一時は同じような考察を，無限小に対して適用しようと思ったようである．無限小に対しては，イデアの世界にかわって，そこには彼の哲学思想の中にある'モナド'があったのかもしれない．しかし結局その試みは表に出ることはなかった．
　この違いはどこにあったのだろうか．それはギリシアの幾何学は静的であり，'存在する'という概念に対してはっきりした意味があったのに対し，ニュートン，ライプニッツの展開した数学は，本質的に動的な視点に立つものであるということにあった．そこでは存在するものは変量とし

て捉えられ，ギリシア的な概念として理解することは難しいものとなっていた．

　変量を的確に捉えることがいかに難しいかは，すでに古代ギリシアのエレア学派が指摘していたことである．エレア学派の中から生まれたゼノンの逆理を避けて，いわばギリシア数学の殿堂が完成したといってよい．しかしニュートン，ライプニッツによる近代数学の創成にあたって，このエレア学派の投げかけた謎が，無限小とは何かという問題として再び登場してきたようにも見える．長い時間の中で，数学の歴史も大きく回っていくものなのだろうか．

　ニュートン，ライプニッツ以後，微分積分は 18 世紀にはベルヌーイ兄弟，ダランベール，オイラー，ラグランジュなどの大数学者たちの活躍で，ヨーロッパで急速に発達していった．しかしこれらの数学者が立ち向かったのは，さまざまなところ，特に力学から湧いてくる多くの問題であり，そこから新しい概念が取り出され明示されてくるということはなかった．18 世紀の終りになっても，バークレイの批判は数学の上をなお雲のように蔽っていたのである．

　ラグランジュは，ベルリン科学アカデミーにいるとき，1784 年に次のような懸賞問題を出した．

　　数学において無限とよばれるものに対して，明快で正確な議論を要求する．そこにはなぜ多くの正しい定理がこのような矛盾を含むところから導き出されるかの説明

も含むこと．

これに対して，ラグランジュが十分満足するような解答は戻ってこなかったが，賞はスイスのリュイリエに与えられた．リュイリエは極限についてかけ算と商に対する規則

$$\lim_{n\to\infty} p_n q_n = \lim p_n \lim q_n, \quad \lim \frac{p_n}{q_n} = \frac{\lim p_n}{\lim q_n}$$

を与えた．リュイリエは lim の記号をはじめて導入し，そして $\frac{dy}{dx}$ を差の商の極限とした．

同じ懸賞に応募していたラザール・カルノー（1753-1823，熱力学で有名なサディ・カルノーの父親）は，1797年に『無限小算法についての哲学的考察』，1813年にその改訂版をかいたがその中で次のように述べている．

　私は，無限に小さい量というときには次のものをいう．それは連続的に減少していく量で，われわれがその量と関係を求める他の量の変化とは無関係にいくらでも小さくなり得る量のことである．

ニュートン，ライプニッツの微分積分が現われるまでは，幾何と代数に支えられていた静的な数学の枠組みは，18世紀になるとまったく崩されて動的な姿をとるようになってきた．次々と現われてくる新しい局面の中で，数学

はどのような視点に立って見るべきか，無限を数学の概念として取りこむ道はあるのか，またその基盤となるものをどのようにして見出すのか，という難かしい問題に，18世紀数学は悩み続け，道を求め続けてきたのである．しかし明るい光は，行手には見出せなかった．ラグランジュは，晩年，関数はすべて巾級数で表わされるというオイラーの視点に立って，大著『解析力学』を著した．この書はハミルトンから「まるで科学における詩のようなものだ」と賞讃された．しかし，関数に対するこのオイラーの視点もここまで来てほぼ完成の域に達し，その先の数学の進む道は見出せないような状況になっていた．

　ラグランジュの晩年の逸話を1つ述べておこう．病身であったラグランジュは，同じように病身であった妻をずっと看護していたが，1783年に妻が亡くなった．この頃ラグランジュは，すっかり意気消沈し，数学の将来に対して悲観的になっていた．1781年9月，ダランベールに宛てた手紙では，

> 私にとっては，数学の鉱山はすでにあまりにも深く掘りすぎてしまったので，もし新しい鉱脈を発見しないならば，遅かれ早かれ，この鉱山を見棄ててしまうのではないかと思われます．

と書き送っている．1788年に『解析力学』が出版され，そ

の本が届けられたとき,ラグランジュはその本を開くこともなく,机の上においたままであったと伝えられている.

　このようなとき数学は19世紀という新しい世紀を迎え,そこに解析学の誕生を迎えることになった.

第10章 コーシーの『解析教程』

1. 解析の方法

「解析学とは何か」という質問に対して適当な答を見出すことは非常に難かしい．代数，幾何，解析は，数学の大きな3分野をつくっているといわれている．ここで代数は数式の奥にある数のはたらきを調べる分野，幾何は広い意味での図形の性質を調べる分野とすれば，解析は関数を通してさまざまな変化の様相を調べる分野といえるかもしれない．変化の多様性は，微分積分を通して調べられるが，そこで根底にはたらくのは'無限'である．

しかし18世紀終りになっても，ラグランジュの暗い問いかけのように，無限は解析学の中に十分入りこんではいなかった．数学という学問は，無限をどのように容認して受け入れるのか，数学者には戸惑いの状況が続いていた．無限概念が解析学の中に完全に融けこむのは，実数概念とその上にはたらく極限概念が明確になってからであり，それは最終的には19世紀半ばになってからのことである．

数学という学問が最初に無限を受け入れ，そこに至る道

を明るい平明な光の中で示せるようになったのは，フランスの数学者コーシー（1789-1857）に負うところが大きい．コーシーと同じ時期にドイツに天才ガウス（1777-1855）がいたが，ガウスの数学への関心は主に代数学，数論と微分幾何に向けられ，コーシーとは別の道を歩いていた．ガウスは'少なけれども，円熟なり'という言葉を残しており，孤独な思索の中で数学の深みへと入っていったが，啓蒙的なはたらきや，数学の概念的なはたらきについては関心を示すことはなかった．それに対してコーシーの数学は開かれた社会へ向けられており，コーシー自身は数学を教えることに喜びを見出していた．

コーシーは，パリのエコール・ポリテクニク（理工科学校）で1815年からはじめた解析学の講義に基づいて，3冊の大著を著した：

『解析教程』（1821）

『無限小計算に関するエコール・ポリテクニクで行なわれた講義』（1823）

『微分計算についての講義』（1829）

コーシーが試みたのは，無限小の概念が「科学が誇っている正確さとはあまり合致するものではない」ということを認めた上で，解析全体を支えるに足る基礎をつくろうとするものであった．

コーシーはこの講義の要約の中で，次のように述べている．

1. 解析の方法

　私が従ってきた方法は，ほかの人たちの同じ種類の仕事の中で述べられてきたものとは，多くの点で異なっている．私の主な目的は，厳密さを矛盾のないように調和させることであり，それは私の'解析教程'の講義に対し，私自身に課した１つの約束であった．そこには無限小量に対して直接的な考察が可能となるような，単純明快さを求めることも含まれている．このため求めた級数が収束しないような，関数の無限級数への展開などを一切取り入れないことを，私の義務とした．積分の計算では，そのさまざまな性質を知らせる前に，'積分'すなわち'原始関数'の存在を一般的に証明しておくことが必要と思われた．この目的のためには，与えられた限界値の間にとられた積分，すなわち'定積分'の概念をまず明確にしておくことが必要なことであると知った．

　コーシーは，解析学をわかりやすいものとするためには，極限概念について数学的な明確な定義が必要であると考えた．コーシーは，概念のはたらきが数学を支える基本的な場をつくることを，はっきりと自覚した最初の数学者ではなかったかと思う．

　１つの変数に次々と与えられた値が，決まった値にどこまでも近づいて，その値の差が最後には０になるとき，この決まった値を，それらの値の極限（limit）とい

う．したがってたとえば，1つの無理数は，そこにどこまでも近づいていく異なる有理数の系列の極限である．

ここでコーシーは，無限小，あるいは無限に小さい量という概念を，0を極限としてもつ変数として定義したのである．これによって'解析者たち'の間にさまよっていた無限小の亡霊は完全に姿を消し，18世紀数学を蔽っていた暗い雲は取り除かれた．手探りで進んでいた無限小は極限概念へとおきかえられ，それは同時に解析学に，幾何や代数にはなかった明るい動的な躍動感を与えることになった．ふり返ってみれば過ぎた18世紀は，数学が静的な学問から動的な学問へと移る過渡期であったといえるのかもしれない．

そしてコーシーはそのことを強調するように
「1つの変量が無限に小さくなるということは，0という値にどこまでも減少していくことである」
とつけ加えた．

私たちはいまでは，実数概念を学ぶ前から，数は直線上に表現されるということを，ごく当り前のように受け入れている．それはたとえば車に乗ってメーターの値を見ているだけでも感じとることができる．しかし，数学の長い歴史の中での数概念の変遷を考えれば，四則演算から生まれた数が，数の1つ1つのはたらきをひとまず捨てて，直線上の点として表わされるなどということは考えられないこ

とであった．大きさのない直線上の点を1つの数として取り出すことをどのように認識したらよいのか．ニュートン，ライプニッツ以後数は，オイラーの数学で見るように，その中にはっきりと無限をとりこんだが，オイラーの無限は外の世界で表象する場所を求めることはなく，数の世界に止っていた．数のはたらきとして，コーシーが数の直線上への表象を通して'近づく'という概念を極限概念によって数の中に導入することにより，数はいわば無限小に向けての内なる世界から解放され，外の変化の世界と融和する道を見出したのである．ガウスはひとり書斎にこもって生涯数学に没頭したが，コーシーはエコール・ポリテクニクの講義を通して広く自らの思想を平明に語った．それはその後の解析学の流れとなって急速に数学の中に融けこんでいったのである．

ガウスが拓いた数論は，このあとますます深まっていったが，コーシーが展開した数学は広い世界へ向かって動き出していった．この2つの数学の流れの中で19世紀数学が開花していくことになる．

2. 微分法の成立

コーシーの上に述べた3冊の講義録の中では，現在の微分積分の内容がほとんどすべて盛られている．それはあまりにも平明な形で述べられているので，17世紀，18世紀に

おける数学の流れを知らないと，コーシーが解析学にもたらした'偉大な革命'を見落してしまうかもしれない．ここではあまり説明をつけずに，コーシーの講義録の内容を，なるべくそのままの形で述べてみることにしよう．そこにはラグランジュを襲った暗い想いは完全に消えている．

　　変数xに無限に小さな増加αを与えると，関数は差

$$f(x+\alpha)-f(x)$$

だけ増加する．そしてここではこれは2つの変数xとαに従属している．これを認めた上で，関数$f(x)$が変数xの2つの指定された値の間で連続とは，この間にあるすべてのxに対して

$$f(x+\alpha)-f(x)$$

がαとともにいくらでも減少していくことである．

さらに多変数関数の連続の定義も同様に与えている．
　コーシーは，区間$[x_0, X]$上で定義された連続関数$f(x)$に対し，

[中間値の定理]
　$f(x_0)$と$f(X)$の間にある値bに対して，$f(x)=b$とな

る x がある.

も示している.証明の考え方は,実数の連続性を認めた点を除けば,第3章,4節で述べたものと本質的に同じである.しかし連続関数の極限は連続関数になる,というような一般には成り立たない誤った記述も見受けられる.

それまで微分の定義は,たとえばラグランジュは無限小量の比として $dy=f'(x)dx$ として定義していた.コーシーの定義は極限概念に立つ明快なものであった.この部分はできるだけ原文に沿って訳出してみることにしよう.

　関数 $f(x)$ が,変数 x の2つの限界の間で連続であるとする.この2つの限界値の間にある1つの値をとったとき,この変数に従属する無限に小さい増加に対し,$\Delta x=i$ とおくならば,2つの値の比によって表わされる

$$\frac{\Delta y}{\Delta x} = \frac{f(x+i)-f(x)}{i}$$

は無限に小さな量となる.この2つの分母,分子にある項は同時に限りなく0へと近づくが,このときこの比の値は,正または負の極限の値に収束する.この値が存在するとき,それぞれの x に対して決まった値となる.この比 $[f(x+i)-f(x)]/i$ の極限として示される新しい関数の値は,最初に与えられた関数 $y=f(x)$ の形によっている.この従属性をはっきり示すために,新しい関

数に導関数（fonction derivée）と名をつけ，これをアクセントの記号を用いて y'，または $f'(x)$ と表わす．

ここで '無限小の無限小' の亡霊は，高階導関数から消えたのである．関数 $f(x)$ が与えられれば，そこから次から次へと '導関数' $f'(x), f''(x), \cdots$ が生まれてくる．

コーシーは，関数の極限に対しては，x が x_0 に無限に近づいていくとき，$y=f(x)$ の値と $y_0=f(x_0)$ の差が無限に小さくなるとき，$f(x)$ の極限は $f(x_0)$ であるといい

$$\lim_{x \to x_0} f(x) = f(x_0)$$

と表わしていた．この定義で，数が変数としてはたらく見方は明確になったが，これだけではこの極限概念が，関数どうしの演算とどのように適合するかはまだはっきりしない．たとえばよく知られた微分の規則

$$(f+g)' = f'+g', \quad (fg)' = f'g+fg'$$

をここから '証明する' ことは難かしい．

数の極限概念と，数の四則演算とを結びつけるには，極限概念の，数による定式化が必要になる．それは1850年代になって，ワイエルシュトラスによってはじめて導入された，$\varepsilon\delta$-論法によっている（第3章，3節）．それによってはっきりしたのは，関数の連続性や，微分可能性を論ずる前に，変数が自由に動く場――実数――の連続性をまず確

認することが必要であるということであった．第3章で述べた実数の連続性や，$\varepsilon\delta$-論法による極限概念の定式化は，変化する数を，数を基本とする数学の枠組みの中にどのように取り入れるかというワイエルシュトラスやデデキントの徹底した批判精神から生まれてきたのである．そこではっきりと見えてきたのは，解析学を支える場は，実数という数概念であるということであった．

たとえば，第3章，3節で $\lim_{x\to a} f(x), \lim_{x\to a} g(x)$ が存在するとき，$\varepsilon\delta$-論法を使うことにより，極限と四則演算の整合性，たとえば

$$\lim_{x\to a}(f(x)+g(x)) = \lim_{x\to a} f(x) + \lim_{x\to a} g(x)$$

が成り立つことを示した．

これを

$$f(x) = \frac{F(x)-F(x_0)}{x-x_0}, \quad g(x) = \frac{G(x)-G(x_0)}{x-x_0}$$

に適用すると，

$$(F+G)'(x_0) = F'(x_0) + G'(x_0)$$

が得られる．

このあとコーシーは，初等的な関数に対して実際その導関数を求めた上で，合成関数の微分法を示す．

z を，最初の関数 $y=f(x)$ と

$$z = F(y)$$

という関係で結びつけられている x の第 2 の関数とする．この z, または $F[f(x)]$ は，x の関数の関数とよばれるものである．そしてもし x, y, z の無限に小さい同時の増加量を $\Delta x, \Delta y, \Delta z$ と表わすならば，このとき

$$\frac{\Delta z}{\Delta x} = \frac{F(y+\Delta y)-F(y)}{\Delta x} = \frac{F(y+\Delta y)-F(y)}{\Delta y}\frac{\Delta y}{\Delta x}$$

が成り立ち，極限へ移ることによって

$$z' = y'F'(y) = f'(x)F'[f(x)]$$

が得られる．

　連続性と微分可能性の明確な定式化は，コーシーの計算法の流れをつくるものであり，それは以下で述べる平均値の定理と，微積分の基本定理の証明にはっきりと現われている．

　コーシーは，平均値の定理の証明に現在教科書の中に盛られているロルの定理の証明を用いることはなかった（これはもっとあとになってボンネ (1819-92) によって示されたものでないかといわれている）．

　コーシーは，導関数の符号の意味を調べることから出発した．

$$y' = \frac{dy}{dx} = \lim \frac{\Delta y}{\Delta x}$$

だから, x_0 で $y'>0$ ならば, Δx が十分小さいところでは Δx と Δy は同符号, したがって x が x_0 を通るとき増加しているならば, $y=f(x)$ も増加している. コーシーは,「x_0 から X まで察知し得ないような状況で増加しているとしても」導関数が正である限り, $f(x)$ は増加していくと述べている.

このあとコーシーは, '一般平均値定理' へと進んでいく.

いま $f(x)$ と $F(x)$ を, 区間 $[x_0, X]$ 上で連続な導関数をもつとし, $F'(x)$ がこの区間で 0 とならないならば, ある点 $\xi \in (x_0, X)$ で

$$\frac{f(X)-f(x_0)}{F(X)-F(x_0)} = \frac{f'(\xi)}{F'(\xi)} \tag{1}$$

が成り立つ.

これを示すため, $F'(X)>0$ の場合を考え, そして一般性を失うことなく $f(x_0)=F(x_0)=0$ を仮定する. そして A と B を, $f'(x)/F'(x)$ の $[x_0, X]$ における最小値と最大値とする (コーシーはここで, f', F' の連続性を仮定した上で, この証明をすることを見逃していた).

このとき

$$f'(x) - AF'(x) \geqq 0, \quad f'(x) - BF'(x) \leqq 0$$

したがって $f(x) - AF(x)$ は非減少, $f(x) - BF(x)$ は非増加である.この2つの関数は x_0 で0となっているから

$$f(X) - AF(X) \geqq 0, \quad f(X) - BF(X) \leqq 0$$

となる.したがって

$$A \leqq \frac{f(X)}{F(X)} \leqq B.$$

ここで $f'(x)/F'(x)$ に前に述べた中間値の定理を使うと,ある $\xi \in [x_0, X]$ で

$$\frac{f(X)}{F(X)} = \frac{f'(\xi)}{F'(\xi)}$$

となることがわかる ($f(x_0) = F(x_0) = 0$ と仮定していたことに注意).

 コーシーの考察は休むことなく続いていく.(1) で $X = x_0 + h$, $f(x_0) = F(x_0) = 0$ とおくと,ある $0 < \theta < 1$ で

$$\frac{f(x_0 + h)}{F(x_0 + h)} = \frac{f'(x_0 + \theta h)}{F'(x_0 + \theta h)}$$

となる.

 もしさらに $f'(x_0) = F'(x_0) = 0$ ならば,もう一度平均値の定理を使うことによって,ある $0 < \theta_1 < 1$ で

$$\frac{f'(x_0 + \theta h)}{F'(x_0 + \theta h)} = \frac{f''(x_0 + \theta_1 h)}{F''(x_0 + \theta_1 h)}$$

が成り立つ．これを n 回くり返すことにより，もし f と F の 1 階から $(n-1)$ 階の導関数が x_0 で 0 となり，f の n 階までの導関数が x_0 と x_0+h の間で連続，また F の n 階までの導関数が連続で，x_0 と x_0+h の間で 0 とならなければ

$$\frac{f(x_0+h)}{F(x_0+h)} = \frac{f^{(n)}(x_0+\theta h)}{F^{(n)}(x_0+\theta h)}, \quad 0 < \theta < 1 \quad (2)$$

が成り立つ．

コーシーはさらにこの結果から，f と F の n 階までの導関数が x_0 の近傍で連続であり，そして $(n-1)$ 階までの導関数が x_0 を孤立零点としてもつとき，不定形 $\frac{0}{0}$ に対して

$$\lim_{x \to x_0} \frac{f(x)}{F(x)} = \lim_{x \to x_0} \frac{f^{(n)}(x)}{F^{(n)}(x)}$$

が成り立つことを示した．

さらに f と $(n-1)$ 階までの導関数が x_0 で 0 となるとき，$F(x)=(x-x_0)^n$ に (2) を適用することにより，

$$f(x_0+h) = \frac{h^n}{n!} f^{(n)}(x_0+\theta h), \quad 0 < \theta < 1 \quad (3)$$

が，適当な $0<\theta<1$ で成り立つことを示した．

この明快な講義録の中では，18 世紀数学を蔽っていた暗さや，ラグランジュの絶望もすべて消えてしまった．この講義はあまりにも明るい光の中で進められていったので，コーシーという天才の大きな姿さえ，数学という学問の中に包みこまれてしまったようにみえる．

講義録が進むと、テイラー展開の目を見はるような簡潔な証明が記されている.

いま $f(x)$ を区間 $[x_0, x_0+h]$ 上で n 階まで連続微分可能な関数とする. このとき

$$F(x) = f(x) - f(x_0) - f'(x_0)(x-x_0) - \frac{f''(x_0)}{2!}(x-x_0)^2$$
$$- \cdots - \frac{f^{(n-1)}(x_0)}{(n-1)!}(x-x_0)^{n-1}$$

は $F(x_0) = F'(x_0) = \cdots = F^{(n-1)}(x_0) = 0$ をみたす. したがって (3) から

$$F(x_0+h) = \frac{h^n}{n!} F^{(n)}(x_0+\theta h)$$

となる. しかし明らかに $F^{(n)}(x) = f^{(n)}(x)$ である. したがって

$$f(x) = f(x_0) + f'(x_0)h +$$
$$\cdots + \frac{f^{(n-1)}(x_0)}{(n-1)!}h^{n-1} + \frac{f^{(n)}(x_0+\theta h)}{n!}h^n,$$

ここで $x_0 = a$, $h = x-a$ とおくと

$$f(x) = f(a) + f'(a)(x-a) + \cdots + \frac{f^{(n-1)}(a)}{(n-1)!}(x-a)^{n-1}$$
$$+ \frac{f^{(n)}(a+\theta(x-a))}{n!}(x-a)^n \quad (0 < \theta < 1)$$

これは、ラグランジュの剰余項をもつテイラーの公式とよばれているものである.

これを用いてコーシーは初等超越関数のテイラー展開

$$e^x = 1 + x + \frac{x^2}{2!} + \cdots + \frac{x^n}{n!} + \cdots$$

$$\sin x = x - \frac{x^3}{3!} + \frac{x^5}{5!} - \cdots$$

などを示した.

3. コーシー積分

18世紀を通して，一般的に積分は単に導関数の逆として考えられていた．すなわち積分するとは，与えられた関数 f に対して，$F'(x) = f(x)$ となるような f の逆微分，または原始関数とよばれる $f(x)$ を求めることであった．また区間 $[a, b]$ 上の積分は，なお発見的に見出されるものとして取扱われており，そのときには

$$\int_a^b f(x)dx = F(b) - F(a)$$

が成り立っていた.

同時にまた，和のある種の極限としての積分，また曲線を，ある直線上から測った面積という考えもよく行き渡っていた．それは微積分の基本定理が適切に用いられないような場合に，積分の値を近似するものとして用いられていた．しかし和の極限として考えられていた面積も，積分概念を明確に与えるような論理的な基盤をもってはいなかっ

た.むしろ面積概念は明らかなものと考えられ,直観的な理解に立っていた.

またニュートンの逆微分の意味での解析的な積分——不定積分——は,オイラーのように1つ1つの関数が解析的に表示されるような場合には,特に問題となるようなものが取り上げられることはなかった.

しかし19世紀初頭,フーリエがフーリエ級数論を展開して,そこで積分は不連続関数にも適用できることがわかり,そしてフーリエの理論が広く応用されるようになってくると,オイラーのような解析表現を通しての積分では不十分となり,積分を,微分とは独立に,明確な数学の概念として提示することが必要になってきた.

コーシーの1823年の『エコール・ポリテクニクで行なわれた講義』の中で,はじめてそれまで考察されてきた関数を含む,より広い範囲の関数に対して積分の定義が与えられ,積分の概念がはじめて明確に開示された.

コーシーは,区間 $[x_0, X]$ 上で定義された(現在と同じ意味の)**連続な関数** $f(x)$ の定積分に向けて,次のような考察からはじめていく.区間 $[x_0, X]$ を点 $x_0, x_1, \cdots, x_n = X$ によって n 個の部分区間に分割する.この $[x_0, X]$ の分割 P に対して,近似的な値

$$S = \sum_{i=1}^{n} f(x_{i-1})(x_i - x_{i-1}) \tag{1}$$

を対応させる。この右辺は基底 $[x_{i-1}, x_i]$ で高さ $f(x_{i-1})$ をもつ長方形の面積を加えたものとなっている。コーシーは、このとき区間の長さ $x_i - x_{i-1}$ の最大値を 0 に近づけるとき、(1) の極限値を $\int_{x_0}^{X} f(x) dx$ と定義しようとした。

コーシーは、ここで講義録の中で次のように述べている。

これらの部分区間 $[x_{i-1}, x_i]$ を非常に小さくし、そして区間の数 n を非常に大きくしていくと、この区間の分割の仕方は、S の値に対してほとんど影響を与えなくなる。

そしてこのことを示すために、次の補助的な結果を使う。$\alpha_1, \cdots, \alpha_n$ を正数とし、$a_1, \cdots, a_n$ を任意の数とすると

$$\sum \alpha_i a_i = \bar{a}(\alpha_1 + \cdots + \alpha_n).$$

ここで $\bar{a}$ は、$a_1, \cdots, a_n$ の最大値と最小値の間にある値である。この式で $\alpha_i = x_i - x_{i-1}$, $a_i = f(x_{i-1})$ とおき、連続関数に関する中間値の定理を使うと

$$S = f(x_0 + \theta(X - x_0))(X - x_0) \tag{2}$$

となる。ここで $0 < \theta < 1$ である。

コーシーは、次に上の分割 P の細分 P' を考える。すな

わち分割 P' に現われる各部分区間は，P の部分区間の一部分となっている．このときこの分割に対応して
(1) の和 S は，

$$S' = S_1' + S_2' + \cdots + S_n'.$$

ここで S_i' は，P の i 番目の部分区間にある P' の部分区間の和である．この部分区間に (2) を適用すると

$$S_i' = f(x_{i-1} + \theta_i(x_i - x_{i-1}))(x_i - x_{i-1})$$
$$(0 < \theta_i < 1, \quad i = 1, 2, \cdots, n)$$

となる．したがって

$$S' = \sum_{i=1}^{n} f(x_{i-1} + \theta_i(x_i - x_{i-1}))(x_i - x_{i-1}).$$

ここで

$$\varepsilon_i = f(x_{i-1} + \theta_i(x_i - x_{i-1})) - f(x_{i-1}) \quad (i = 1, \cdots, n)$$

とおくと

$$S' - S = \sum_{i=1}^{n} \varepsilon_i (x_i - x_{i-1}) = \bar{\varepsilon}(X - x_0)$$

となる．ここで $\bar{\varepsilon}$ は $\varepsilon_1, \cdots, \varepsilon_n$ のある平均である．

コーシーはこれからの結論として，$X - x_0$ の部分区間のそれぞれが非常に小さい長さならば，これらの部分区間をさらに小さく分けても，ほとんど誤差は生じないと述べている（実際はここでは閉区間上では連続関数は一様連続で

あるという事実が適用される).

そしてその上で, P_1, P_2 を $[x_0, X]$ の任意の分割とし, P' を P_1, P_2 の分割点を一緒にしたさらに細かい分割とする. そして S_1, S_2, S' をそれに関する近似和とすると,

$$S' - S_1 = \bar{\varepsilon}_1(X - x_0), \quad S' - S_2 = \bar{\varepsilon}_2(X - x_0)$$

したがって

$$S_1 - S_2 = (\bar{\varepsilon}_2 - \bar{\varepsilon}_1)(X - x_0)$$

となり, P_1, P_2 を十分小さい部分区間への分解にとれば, S_1 と S_2 の差はいくらでも小さくなる.

コーシーはこの極限を**定積分**というと講義録の中に記している. しかしこのコーシーの最後の議論をしっかりと締めるには, 実は実数の完備性が明確になることが必要であった. 第 2 章で述べたような実数概念はなおこの時点では十分確立していなかった. しかしこのような, 無限に小さくなっていく量へのコーシーの異様なまでの集中に, いまは私たちは解析学誕生の時をみることができる.

もう少し講義内容が進むと, コーシーは (2) の左辺にかかれている近似和 S を積分自身へと移しかえて,

$$\int_{x_0}^{X} f(x) dx = f(x_0 + \theta(X - x_0))(X - x_0)$$
$$= f(\bar{x})(X - x_0)$$

を示している. これは**積分の平均値定理**を示している.

コーシーは，和の極限としての積分を考察することによって公式

$$\left.\begin{array}{l}\int_{x_0}^{X}[af(x)+bg(x)]dx = a\int_{x_0}^{X}f(x)dx+b\int_{x_0}^{X}g(x)dx \\ \int_{x_0}^{X}f(x)dx = \int_{x_0}^{\bar{x}}f(x)dx+\int_{\bar{x}}^{X}f(x)dx \\ \quad\quad (x_0 < \bar{x} < X)\end{array}\right\} \quad (3)$$

も導いた．

コーシーの講義はさらに進み，そこではじめて「微分積分の基本定理」の厳密な証明が示された．

区間 $[x_0, X]$ 上で定義された連続関数 $f(x)$ が与えられたとき，コーシーは $x \in [x_0, X]$ に対して新しい関数 $\widetilde{F}(x)$ を

$$\widetilde{F}(x) = \int_{x_0}^{x} f(x)dx$$

で定義し，これを $f(x)$ の原始関数，または $f(x)$ の逆微分といった．そして実際

$$\widetilde{F}'(x) = f(x)$$

が成り立つことを次のように示した．

(3) と定理2を使うと

$$\widetilde{F}(x+\alpha) - \widetilde{F}(x) = \int_{x_0}^{x+\alpha}f(x)dx - \int_{x_0}^{x}f(x)dx$$

$$= \int_x^{x+\alpha} f(x)dx$$

また積分の平均値定理から

$$\widetilde{F}(x+\alpha) - \widetilde{F}(x) = \alpha f(x+\theta\alpha), \quad 0 < \theta < 1.$$

この両辺を α で割り, $\alpha \to 0$ とすることにより, 微分の定義と f の連続性から

$$\widetilde{F}'(x) = f(x)$$

を導いた. すなわち $f(x)$ が連続ならば

$$\frac{d}{dx}\left(\int_{x_0}^x f(t)dt\right) = f(x)$$

が成り立つ.

ここからコーシーは, 微積分の基本定理のよく知られた形:

$[x_0, X]$ 上の関数 $F(x)$ が $F'(x) = f(x)$ をみたしているならば

$$\int_{x_0}^X f(x)dx = F(X) - F(x_0)$$

が成り立つ.

を次のように示した.

最初に $[x_0, X]$ 上で

$$F'(x) = f(x)$$

が成り立つような関数をとる．そして $f(x)$ の原始関数 $\widetilde{F}(x)$ とこの $F(x)$ との差を

$$\omega(x) = \widetilde{F}(x) - F(x)$$

とおく．このとき $\omega'(x) = \widetilde{F}'(x) - F'(x) = f(x) - f(x) = 0$．したがって平均値の定理から，すべての $x \in [x_0, X]$ に対して

$$\omega(x) = \omega(x_0) + (x - x_0)\omega'(\overline{x}) = \omega(x_0).$$

これから

$$\widetilde{F}(x) - F(x) = \widetilde{F}(x_0) - F(x_0) = -F(x_0)$$
$$\widetilde{F}(x) = F(x) - F(x_0),$$

したがって

$$\int_{x_0}^{X} f(x)dx = F(X) - F(x_0)$$

が任意の f の逆微分 F に対して成り立つ．

コーシーはこのようにして閉区間上の連続関数の積分の一般理論を本質的に完成させた．しかしこのときフーリエはすでに不連続関数の積分も扱っていた．この後積分概念はさらに広範な関数に対して適用されていくことになるのである．

積分概念は，関数概念だけではなく，面積概念も含んでいるため，これ以後の数学の展開の中で，微分がはたらく世界より，はるかに包括的な世界の中で展開していくことになった．実際20世紀になると，積分自身が，無限次元の世界へ数学の道を拓いていくことになるのである．

4. エコール・ポリテクニクにおける講義

コーシーの3部作からなる『講義録』は，実に明快なものである．数学は，この講義録によって，広い世界に向かって確かな足どりで進みはじめたといってよいのかもしれない．19世紀後半になると，『解析教程』——Cours d'Analyse——は，ジョルダンやピカールなどによってさらに深められ，コーシーの示した道は，フランス解析学の伝統を築いていくことになった．

しかし，私たちがいま読んで感ずるコーシーの講義録の明快さにくらべ，コーシーのエコール・ポリテクニクにおける実際の講義は，学生を惹きつけるような魅力的なものではなかったようである．コーシーの講義は，微分積分の概念の確立を目指すものであり，特定の関数の性質や，力学などへの応用を述べるものではなかった．コーシーの3部作の中で統合されているものは，解析学という数学の分野の確立を目指すものであり，数学が学問として体系化され，それによって数学自身が広い世界へ向かって進んでい

く新しい道の開示であった.

しかし，エコール・ポリテクニクの教授たちにしても，受講する学生たちにしても，概念だけが明快に提示されて進んでいくような数学の講義には当惑していた．このことは，当時まだ大学における数学教育の基盤が確立していなかったことにもよっているのだろう．ここでは，エコール・ポリテクニクにおけるコーシーの講義が実際どのようなものであり，またどのような批判をうけていたかを記してみることにする.

コーシーのポリテクニクにおける講義は 1815 年から，アンペールの講義と一緒にはじまったが，コーシーの公開されたシラバスは，1816-17 年から急に変って，そこに記された 1 年生に向けた講義題目は'連続関数と不連続関数の違い''級数の収束性についての規則'であった．しかしその講義内容についてはほとんど触れられていなかった．講義は 1 時間で，30 分の超過は認められていたが，あるときはコーシーは 110 分も講義を続け，何人かの学生は落ちつかなくなって，話をはじめたり，歩き出しているものもあった.

コーシーの講義は学生には難かしく，学内での評判はよくなかったようである．特に 1816 年からはじまったコーシーの講義について，学部長は次のような報告をかいている.

4. エコール・ポリテクニクにおける講義

 私は，この5年間にわたり，コーシー氏に彼の教育方法をかんたんにすること，そして与えられたプログラムに合わせるよう，数えきれないほど警告を与えてきたが，もはや見過すことはできなくなってきた．実際，あるコースでは，変則的な内容を示すようなことがいつも行なわれていた．学長への，月ごとの，また年ごとの報告にはいままでもつねにそのことを述べてきた．

 解析の講義への比重が強まるにつれ，力学に向けてなさるべきことが圧迫されるのは認め難いことである．それでも学生たちは，ほかの講義コースのほとんどすべての問題に，不完全に教えられたにもかかわらず，何とか答えることができるようにはなっている．

次の報告書では，さらに強い非難がよみとれる．

 私は，すでに科学においては高名なひとりの教授としては当然認められなければならない冷静さが（コーシー氏には）欠けているようにみえることに対しては，当然注意を喚起しなくてはならないだろう．すなわち，先週火曜日，たまたま生じた不都合のために延期していた講義に戻ってきたが，時間に正確でなく，コーシー教授は階段教室に学生が集まってから10分も遅れて入ってきた．このようなことは，エコール・ポリテクニクの教授としてはまったく認め難いものであり，学長はこれに対

して強い不快感を表わしていた.

　学部長は,学生たちがコーシーの講義についていくことは困難であり,その内容についてプリントしたものをあらかじめ学生に配布しておくことが必要であることを次の文書の形で残している.

　　コーシー氏には,彼の解析教程のコースの順序配列が,あらかじめ適当に整えられていないということを,いろいろな機会に注意を与える必要があった.そのことは,コーシー氏の講義に合わせなければならない,ほかの講義のコースの進み方の妨げになることもあった.彼はすべての本義を飛び越えた構想に入りこみ,それが時に,それと関連して取扱わなければならないほかの課題を進めていくことへの障害となったのである.彼は,疑いもなく,学会で発表されるにふさわしい解析学のたのしみにひたっていたが,それはこの大学での学生の教育に対しては行きすぎであり,障害でさえあった.彼はそれによって,学生を応用へと向けさせることを怠ってしまった.このことについて,試験官たちは苦情をいわざるを得なかった.科学的な発展に自分自身をのめりこませてしまう彼の習癖の結果,講義の明晰さを失うことが起き,以前彼の昇進のときには,学生会によってそれは正当でないと抗議されることもあった.

このようなコーシーの講義に対する強い不満と批判を読むと，改めて純粋数学が確立し，それが大学という教育の場で受け入れられるようになるまで，長い道のりがあったのだと知ることができる．歴史は私たちにいろいろなことを教えてくれるようである．

本書は「ちくま学芸文庫」のために書き下ろされたものである。

数学という学問 I　概念を探る

二〇一一年十二月十日　第一刷発行
二〇一八年十二月五日　第二刷発行

著　者　志賀浩二（しが・こうじ）
発行者　喜入冬子
発行所　株式会社　筑摩書房
　　　　東京都台東区蔵前二―五―三　〒一一一―八七五五
　　　　電話番号　〇三―五六八七―二六〇一（代表）
装幀者　安野光雅
印刷所　株式会社精興社
製本所　株式会社積信堂

乱丁・落丁本の場合は、送料小社負担でお取り替えいたします。
本書をコピー、スキャニング等の方法により無許諾で複製する
ことは、法令に規定された場合を除いて禁止されています。請
負業者等の第三者によるデジタル化は一切認められていません
ので、ご注意ください。
©KOJI SHIGA 2011　Printed in Japan
ISBN978-4-480-09421-6　C0141

ちくま学芸文庫